Sunil Kumar Mahla
Varun Singla
Amanpreet Singh

**Um estudo sobre motores bicombustíveis com biodiesel e combustíveis oxigenados**

Sunil Kumar Mahla
Varun Singla
Amanpreet Singh


# Um estudo sobre motores bicombustíveis com biodiesel e combustíveis oxigenados

## Caraterísticas de desempenho e emissões do motor diesel bicombustível com combustíveis oxigenados - análise comparativa

**Imprint**
Any brand names and product names mentioned in this book are subject to trademark, brand or patent protection and are trademarks or registered trademarks of their respective holders. The use of brand names, product names, common names, trade names, product descriptions etc. even without a particular marking in this work is in no way to be construed to mean that such names may be regarded as unrestricted in respect of trademark and brand protection legislation and could thus be used by anyone.

Cover image: www.ingimage.com

This book is a translation from the original published under ISBN 978-620-2-30671-3.

Publisher:
Sciencia Scripts
is a trademark of
Dodo Books Indian Ocean Ltd. and OmniScriptum S.R.L publishing group

120 High Road, East Finchley, London, N2 9ED, United Kingdom
Str. Armeneasca 28/1, office 1, Chisinau MD-2012, Republic of Moldova, Europe
Printed at: see last page
**ISBN: 978-620-8-21522-4**

**RESUMO**

O biodiesel está a receber uma atenção crescente como combustível diesel alternativo, não tóxico, biodegradável e renovável. O biodiesel é utilizado devido ao esgotamento dos combustíveis petrolíferos e aos benefícios para o ambiente. O biogás também pode ser utilizado com o biodiesel no motor I.C. devido à sua melhor capacidade de mistura e à sua natureza de combustão limpa com modificações muito pequenas no motor. A utilização de combustíveis oxigenados pode reduzir as emissões de partículas (PM) do motor sem grandes modificações do motor. O presente estudo foi realizado para avaliar as propriedades do biodiesel de farelo de arroz e o seu efeito no desempenho e nas caraterísticas das emissões do motor de ignição por compressão utilizando éster metílico de óleo de farelo de arroz com combustível oxigenado de éter dietílico misturado com gasóleo como combustível piloto e biogás como combustível gasoso em modo de combustível duplo.

Este estudo é efectuado em duas fases. Na primeira fase, as misturas de D80-B10-DEE10 e D60-B20-DEE20 com a utilização de biogás a um caudal fixo de 0,9 kg/h são efectuadas em diferentes condições de carga e comparadas com o gasóleo. Na segunda fase, as misturas de D80-B10-DEE10 e D60-B20-DEE20 são efectuadas em diferentes condições de carga sem a utilização de biogás e comparadas com o gasóleo.

O resultado mostra que, em condições de plena carga, a mistura D80-B10-DEE10 tem melhores caraterísticas de desempenho do que a mistura D60-B20-DEE20 em ambos os casos, com e sem biogás. Com a utilização de biogás, o B.P e o BTE da mistura D80-B10-DEE10 são 7,2% e 3,78% superiores aos da mistura D60-B20-DEE20, respetivamente. Sem a utilização de biogás, o P.B. e o TEB da mistura D80-B10-DEE10 são 10,5% e 1,6% superiores aos da mistura D60-B20-DEE20, respetivamente. Os resultados mostram também que, com a utilização de biogás, as emissões de HC, CO e NOx da mistura D60-B20-DEE20 são 9%, 8,9% e 2,6% inferiores às da mistura D80-B10-DEE10, respetivamente, e que, sem a utilização de biogás, as emissões de HC, CO e NOx da mistura D60-B20-DEE20 são 7%, 8,7% e 1,3% inferiores às da mistura D80-B10-DEE10, respetivamente. Assim, o biodiesel é um combustível benéfico e amigo do ambiente.

# ÍNDICE DE CONTEÚDOS


**CAPÍTULO 1**                    4

**CAPÍTULO 2**                    12

**CAPÍTULO 3**                    18

**CAPÍTULO 4**                    37

**CAPÍTULO 5**                    53

# NOMENCLATURA

| Symbol | Title | Unit |
|---|---|---|
| R.B.O. | Rice Bran Oil | |
| I.C. | Internal Combustion | |
| C.I. | Compression Ignition | |
| RBOME | Rice bran oil methyl ester | |
| HC | Hydrocarbons | ppm |
| CO | Carbon monoxide | % |
| $CO_2$ | Carbon dioxide | % |
| $O_2$ | Oxygen | % |
| $NO_x$ | Nitrogen Oxides | ppm |
| PM | Particulate Matter | ppm |
| CV | Calorific value | (MJ/kg) |
| EGT | Exhaust gas temperature | t°C |
| FFA | Free fatty acid | % |
| B20 | 80% diesel, 20% biodiesel | |
| B40 | 60% diesel, 40% biodiesel | |
| B60 | 40% diesel, 60% biodiesel | |
| BTE | Brake thermal efficiency | % |
| BSFC | Brake specific fuel consumption | Kg/kwh |
| BSEC | Brake specific energy consumption | MJ/kwh |
| BP | Brake power | KW |
| D80-B10-DEE10 | 80% diesel, 10% Biodiesel, 10% Diethyl Ether | |
| D60-B20-DEE20 | 80% diesel, 20% Biodiesel, 20% Diethyl Ether | |
| H | Calorific value | (MJ/kg) |
| $\eta$ | Kinematic viscosity | $mm^2s^{-1}$ |
| W | Water Equivalent | cal/c° |
| KOH | Potassium hydroxide | |
| NaOH | Sodium hydroxide | |
| CP | Cloud point | t°C |

# CAPÍTULO 1



A crise energética é um problema grave em vários países devido ao aumento da população e ao esgotamento dos combustíveis fósseis convencionais. O grande aumento do número de automóveis nos últimos anos resultou numa grande procura de produtos petrolíferos. Dado que se estima que as reservas de petróleo bruto durem algumas décadas, tem havido uma procura ativa de combustíveis alternativos. O esgotamento do petróleo bruto teria um grande impacto no sector dos transportes [1]. Nos últimos anos, o preço dos combustíveis convencionais é mais elevado devido ao seu esgotamento. Dado o preço mais elevado dos combustíveis, os combustíveis alternativos de fontes renováveis que são mais baratos e ecológicos são um desafio. O biodiesel é um dos combustíveis alternativos para substituir o gasóleo. É derivado da transesterificação do óleo, gordura e óleo alimentar usado [2]. Biodiesel é o nome de um combustível alternativo de queima limpa produzido a partir de recursos domésticos e renováveis. O biodiesel não contém petróleo, mas pode ser misturado a qualquer nível com gasóleo de petróleo para criar uma mistura de biodiesel. Pode ser utilizado em motores de ignição por compressão (diesel) até 20% sem grandes modificações. O biodiesel é simples de utilizar, biodegradável, não tóxico e essencialmente isento de enxofre e de compostos aromáticos [3]. O biodiesel é miscível com o petrodiesel em todas as proporções. Em muitos países, este facto levou à utilização de misturas de biodiesel com petrodiesel em vez de biodiesel puro. É importante notar que estas misturas com petrodiesel não são biodiesel. Muitas vezes, as misturas com petrodiesel são designadas por acrónimos como B20, que indica uma mistura de 20% de biodiesel com petrodiesel [4].

## 1.1 Necessidade do biodiesel

Os recursos petrolíferos são finitos e, por conseguinte, a procura de alternativas prossegue em todo o mundo. A maior parte da procura de energia é satisfeita a partir dos recursos energéticos convencionais, como o carvão, o petróleo e o gás natural. Os combustíveis derivados do petróleo são reservas limitadas, concentradas em determinadas regiões do mundo. Estas fontes estão em vias de extinção. A escassez de reservas conhecidas de petróleo tornará mais atractivas as fontes de energia renováveis como o biodiesel.

Os gases emitidos pelos veículos a gasolina e a gasóleo têm um efeito adverso no ambiente e na saúde humana. Existe uma aceitação universal da necessidade de reduzir essas emissões, adoptando formas de reduzir as emissões sem afetar o processo de crescimento e desenvolvimento. Uma das formas de o conseguir é através da utilização de biodiesel e da sua mistura com o gasóleo.

## 1.2 Combustíveis alternativos

Trata-se de combustíveis que não a gasolina ou o gasóleo e que estão a ser cada vez mais utilizados, uma vez que são mais limpos do que os combustíveis convencionais. Além disso, muitos deles estão disponíveis no país e, como tal, a sua utilização permite poupar divisas e aumentar a segurança da sua disponibilidade. Estes combustíveis incluem:

1. Gás natural comprimido
2. Gás natural liquefeito
3. Gás de petróleo liquefeito
4. Combustíveis à base de álcool, como o álcool metílico e o álcool etílico, quer em estado puro quer em mistura com gasolina.
5. Eletricidade (incluindo a energia solar)
6. Hidrogénio
7. Os biocombustíveis, que são derivados de materiais biológicos como a colza, o farelo de arroz, a Jatropha, etc.

## 1.3 Óleo de farelo de arroz: Uma fonte de biodiesel

O arroz é produzido em grandes quantidades em nove países do Sudeste Asiático. São também produzidas quantidades consideráveis nos EUA, na Europa e na América Latina. A China é o maior país produtor de arroz, seguida da Índia. A sêmea de arroz é um subproduto da indústria de transformação do arroz e, após extração, produz óleo de sêmea de arroz. O teor de óleo da sêmea de arroz varia consoante a variedade e depende ainda mais dos processos e condições obtidos durante a moagem do arroz. O farelo de arroz, como tal, tem 15 a 25% de óleo associado [5]. A produção mundial total de cerca de 4000 milhões de toneladas de arroz em casca pode render cerca de 6-7 milhões de toneladas de óleo comestível. As técnicas modernas de recuperação produziriam óleo e outros subprodutos de melhor qualidade do que as antigas tecnologias, ainda utilizadas na Índia, na China e noutros países asiáticos. O óleo de farelo de arroz é um óleo relativamente novo, recentemente introduzido no mercado de consumo [5]. É utilizado no fabrico de vanaspathi e para fins culinários. O óleo de farelo de arroz é muito promissor para uma utilização extensiva na Índia, devido à presença de vários factores, como o γ-orizanol, que se sabe protegerem das doenças cardiovasculares.

## 1.4 Vantagens e desvantagens da utilização de óleos vegetais e gorduras animais diretamente no motor diesel:

A principal causa subjacente à utilização de óleos vegetais e gorduras animais e seus derivados como combustível alternativo é o índice de cetano. As outras propriedades dos óleos vegetais e gorduras animais e seus derivados que se aproximam muito do gasóleo são o calor de combustão, o ponto de fluidez, o ponto de turvação, a viscosidade cinemática, a estabilidade oxidativa e a lubricidade.

### 1.4.1 Vantagens do biodiesel

**(i) Redução das emissões nocivas.** Quando o biodiesel substitui o petróleo, reduz os níveis de gases responsáveis pelo aquecimento global, como o $CO_2$. À medida que plantas como a soja crescem, retiram $CO_2$ do ar para formar os caules, as raízes, as folhas e as sementes. Depois de o óleo ser extraído da soja, é refinado em biodiesel e, quando queimado, produz $CO_2$ e outras emissões, que são devolvidas à atmosfera. No entanto, este ciclo não aumenta o nível de $CO_2$ no ar porque a próxima colheita de soja reutilizará o $CO_2$ para crescer. Outro fator ambiental importante é que o biodiesel reduz as emissões de partículas (PM), HC e CO no tubo de escape. Estes benefícios ocorrem porque o biodiesel contém 11% de oxigénio (**O2**) em peso. A presença de **O2** permite que o combustível queime mais completamente, resultando em menos emissões de combustível não queimado. Este mesmo princípio também reduz a toxicidade do ar, que está associada às emissões de HC e PM não queimadas ou parcialmente queimadas [4]. Os ensaios demonstraram que as reduções de PM, HC e CO são independentes do óleo vegetal utilizado para produzir biodiesel. Este facto foi confirmado pela EPA, que analisou 80 ensaios de emissões de biodiesel e concluiu que os benefícios são reais e previsíveis numa vasta gama de misturas de biodiesel.

**(ii) Baixo teor de enxofre.** Atualmente, a especificação de enxofre para o combustível para motores diesel à base de petróleo é inferior a 500 partes por milhão (ppm). No entanto, até ao final de 2006, todo o gasóleo rodoviário dos EUA tem de conter menos de 15 ppm de enxofre. A maioria dos combustíveis biodiesel atualmente fabricados contém menos de 15 ppm de enxofre e alguns têm níveis demasiado baixos para serem medidos.

**(iii) Melhoria da lubrificação.** Os fabricantes de motores dependem de uma boa lubrificação para evitar que as peças móveis, como as bombas de combustível, se desgastem prematuramente. O biodiesel é aproximadamente duas vezes mais viscoso do que o gasóleo de petróleo e, por conseguinte, tem melhores propriedades lubrificantes [8]. Esta é uma propriedade extremamente importante quando o biodiesel é misturado com gasóleo com teor de enxofre ultra baixo, que é conhecido por ser um lubrificante deficiente. Mesmo as propriedades de lubrificação dos combustíveis secos, como o querosene, podem ser melhoradas com a utilização de 2% de biodiesel.

**(iv) A aplicação é simples.** Provavelmente, a maior vantagem da utilização do biodiesel é o facto de ser fácil de utilizar. Não é necessário qualquer equipamento novo e os motores diesel convencionais podem funcionar sem problemas com misturas de biodiesel até 20%. No entanto, são necessárias pequenas modificações no motor para que o biodiesel puro e não diluído funcione. As misturas de biodiesel e gasóleo de petróleo podem também ser armazenadas em depósitos de gasóleo e bombeadas com equipamento a gasóleo.

**(v) Versatilidade:** O biodiesel é um combustível versátil. O biodiesel pode ser utilizado até um determinado limite no motor existente sem quaisquer modificações.

### 1.4.2 Desvantagens do biodiesel

**(i) Preço:** O seu preço inerentemente mais elevado, que em muitos países é compensado por incentivos legislativos e regulamentares ou por subsídios sob a forma de impostos especiais de consumo reduzidos. No entanto, o preço mais elevado também pode ser (parcialmente) compensado pela utilização de matérias-primas menos dispendiosas, o que despertou o interesse por materiais como os óleos usados (por exemplo, óleos de fritura usados) [2].

**(ii) Aumento das emissões de NOx:** Emissões de escape de NOx ligeiramente mais elevadas do que as do motor a gasóleo mineral.

**(iii) Estabilidade:** O biodiesel é instável quando exposto ao ar (estabilidade oxidativa).

**(iv) Propriedades de fluxo a frio:** O tempo frio pode turvar e até gelificar qualquer combustível diesel, incluindo o biodiesel. Os utilizadores de uma mistura de biodiesel a 20 % sentirão um aumento das propriedades de fluxo a frio (ponto de obstrução do filtro a frio, ponto de turvação, ponto de escoamento) de aproximadamente 3 a 5 Fahrenheit. As precauções utilizadas para o gasóleo de petróleo são necessárias para o abastecimento com misturas de 20%. As mesmas soluções funcionam bem com misturas de biodiesel, tal como a utilização de aditivos para melhorar o fluxo a frio. As propriedades de fluxo a frio são especialmente relevantes na América do Norte, onde a temperatura geralmente permanece baixa [11].

### 1.5 Necessidades de redução da viscosidade do óleo vegetal

A mistura direta com o gasóleo não pode ser possível devido à maior viscosidade do óleo vegetal.

Uma viscosidade mais elevada pode resultar no bloqueio da linha de combustível. A elevada viscosidade do óleo vegetal reduz a atomização do combustível e aumenta a penetração, o que é parcialmente responsável por depósitos no motor, colagem do anel do pistão, coqueificação do injetor e espessamento do óleo [15].

**1.6 Diferentes métodos para reduzir a viscosidade dos óleos vegetais**

Vários estudos demonstraram que as propriedades combustíveis dos óleos vegetais podem ser melhoradas através da transesterificação. Atualmente, este é o método de eleição de todos os investigadores. A transesterificação é uma reação química muito comum em que o álcool reage com triglicéridos de ácidos gordos na presença de um catalisador. O metanol e o etanol são utilizados com mais frequência, especialmente o metanol devido ao seu baixo custo e às suas qualidades físicas e químicas. Este pode reagir rapidamente com os triglicéridos e o NaOH dissolve-se facilmente nele. Várias investigações tentaram a transesterificação sem utilizar qualquer catalisador em metanol supercrítico, o que elimina a necessidade de lavagem com água.

**1.6.1 Diluição**

Os óleos vegetais brutos podem ser misturados diretamente ou diluídos com gasóleo para melhorar a sua viscosidade. A diluição reduz a viscosidade e os problemas de desempenho do motor, como a coqueificação dos injectores e a criação de depósitos de carbono. Em 1980, a Caterpillar Brasil utilizou uma mistura de 10% de óleo vegetal e gasóleo para manter a potência total sem qualquer modificação ou ajustamento do motor. Foi também efectuado um estudo de um motor diesel com a mistura de 20% de óleo vegetal e 80% de gasóleo [6].

**1.6.2 Micro-emulsificação**

A microemulsificação é outra abordagem para reduzir a viscosidade dos óleos vegetais. Uma microemulsificação é definida como uma dispersão em equilíbrio coloidal de uma microestrutura fluida opticamente isotópica com dimensões geralmente na gama de 1-150 nm formada espontaneamente a partir de dois líquidos normalmente imiscíveis e um ou mais anfifílicos iónicos [7]. Por outras palavras, as microemulsões são fluidos isotrópicos claros e estáveis com três componentes: uma fase oleosa, uma fase aquosa e um tensioativo. A fase aquosa pode conter sais ou outros ingredientes e o óleo pode ser constituído por uma mistura complexa de diferentes hidrocarbonetos e olefinas. Esta fase ternária pode melhorar as caraterísticas de pulverização através da vaporização explosiva dos constituintes de baixo ponto de ebulição nas micelas. Todas as microemulsões com butanol, hexanol e octanol cumprem os limites máximos de viscosidade para motores a gasóleo [8].

### 1.6.3 Fratura térmica

A pirólise é um método de conversão de uma substância noutra através do aquecimento ou do aquecimento com a ajuda de um catalisador na ausência de ar ou oxigénio [9]. Envolve a clivagem de ligações químicas para produzir pequenas moléculas [10]. O material utilizado para a pirólise pode ser óleos vegetais, gorduras animais, ácidos gordos naturais e ésteres metílicos de ácidos gordos. O combustível líquido produzido por este processo tem uma composição química quase idêntica à dos combustíveis diesel convencionais [11].

### 1.6.4 Transesterificação

A transesterificação, também designada por alcoólise, é uma reação química de um óleo ou gordura com um álcool na presença de um catalisador para formar ésteres e glicerol. Envolve uma sequência de três reacções reversíveis consecutivas em que os triglicéridos são convertidos em diglicéridos e, em seguida, os diglicéridos são convertidos em monoglicéridos, seguidos da conversão dos monoglicéridos em glicerol. Em cada etapa é produzido um éster, pelo que são produzidas três moléculas de éster a partir de uma molécula de triglicéridos [12]. Entre os álcoois que podem ser utilizados na reação de transesterificação encontram-se o metanol, o etanol, o propanol, o butanol e o álcool amílico. O metanol e o etanol são os mais frequentemente utilizados. No entanto, o metanol é preferido devido ao seu custo mais baixo. Normalmente, é utilizado um catalisador para melhorar a velocidade e o rendimento da reação. Como a reação é reversível, o excesso de álcool é utilizado para deslocar o equilíbrio para o lado do produto. A reação produz também glicerol como subproduto, que tem algum valor comercial.

A transesterificação é o processo mais viável adotado até à data para a redução da viscosidade e para a produção de biodiesel. Assim, o biodiesel é o éster alquílico de ácidos gordos, produzido pela transesterificação de óleos ou gorduras de plantas, utilizando álcool de cadeia curta, como o metanol e o etanol, na presença de um catalisador. A glicerina é, por conseguinte, um subproduto da produção de biodiesel. O biodiesel puro ou 100% biodiesel é designado por B100. Uma mistura de biodiesel é uma mistura de biodiesel puro com petrodiesel. As misturas de biodiesel são designadas por BXX. O XX indica a quantidade de biodiesel na mistura (por exemplo, uma mistura B90 é constituída por 90% de biodiesel e 10% de gasóleo de petróleo).

### 1.7 Importância do motor de duplo combustível

O problema relacionado com o combustível convencional são as emissões produzidas durante a queima de combustíveis, que são muito prejudiciais para o nosso ambiente. Por isso, estamos à procura de combustíveis alternativos que tenham menos emissões do que os combustíveis convencionais. A este respeito, um esquema de motores bicombustível com combustíveis diesel e gás é uma opção atractiva de baixa poluição de escape, porque o combustível gás é um tipo de combustível limpo com a disponibilidade de grandes recursos. O combustível gasoso é normalmente introduzido através de um tubo de admissão, formando-se nele espontaneamente uma pré-mistura. Os motores bicombustíveis deste tipo têm vantagens, tais como modificações limitadas nos motores diesel [13]. O conceito de motor bicombustível tem um papel vital na redução dos problemas de emissão. O motor bicombustível representa uma solução possível para reduzir as emissões do motor diesel através da utilização de uma mistura de gás natural como combustível alternativo. Os motores de duplo combustível são alimentados simultaneamente com gás natural e gasóleo, mas a maior parte do combustível queimado é o gás natural. O gasóleo actua essencialmente como uma "vela de ignição dispersa", uma vez que se auto-inflama após a compressão e depois ajuda a ignição da mistura gás natural - ar, cuja razão de equivalência está próxima dos limites inferiores de inflamabilidade [14].

O motor de duplo combustível tem mais vantagens do que o motor de combustível único. As principais vantagens são: não são necessárias grandes modificações no motor. O motor de duplo combustível pode funcionar sem problemas com motores convencionais. Uma das vantagens do motor de duplo combustível é que, se não houver combustível gasoso disponível, pode funcionar apenas com combustível líquido. Além disso, devido à existência de um regulador na maioria dos motores diesel, o controlo automático da velocidade/potência pode ser efectuado alterando a quantidade de injeção de combustível diesel, enquanto o fluxo de biogás permanece sem controlo. Neste caso, a substituição do gasóleo pelo biogás é menos significativa.

Os motores a gasóleo bicombustível alimentados a biogás podem ser uma panaceia para o problema da escassez aguda de energia, especialmente nas zonas rurais da Índia. O biogás, um combustível renovável, é produzido a partir da fermentação anaeróbia de materiais orgânicos. O principal constituinte combustível do biogás é o metano. O índice de octano mais elevado do biogás torna-o adequado para motores com um rácio de compressão (RC) relativamente mais elevado, a fim de maximizar a eficiência térmica [15]. Além disso, o teor de carbono do biogás é relativamente baixo em comparação com o do gasóleo convencional, o que resulta numa redução dos poluentes [16]. O biogás pode ser utilizado tanto em motores de ignição por compressão (CI) como em motores de ignição por faísca (SI) para a produção de eletricidade.

O biogás pode ser utilizado tanto em veículos pesados como em veículos ligeiros. Os veículos ligeiros também podem funcionar normalmente com biogás sem quaisquer modificações, ao passo que os veículos pesados podem ter de ser ajustados, se funcionarem com biogás. Os motores diesel requerem uma combinação de biogás e gasóleo para a combustão. A utilização do biogás como combustível para motores oferece várias vantagens. Sendo um combustível limpo, o biogás provoca uma combustão limpa e evita a contaminação do óleo do motor. O biogás não pode ser utilizado diretamente nos automóveis porque contém outros gases como o $CO_2$, o $H_2S$ e o vapor de água. Para que o biogás possa ser utilizado como combustível para veículos, é primeiro melhorado através da remoção de impurezas como o $CO_2$, o $H_2S$ e o vapor de água.

## 1.8 Importância do combustível oxigenado

Os dois principais problemas que se colocam à sustentabilidade do motor diesel são o esgotamento do petróleo bruto e a poluição ambiental, que está a aumentar a um ritmo alarmante. Os cientistas de todo o mundo estão a trabalhar arduamente para encontrar a solução para este desafio. E uma das soluções disponíveis é a utilização de aditivos oxigenados. O controlo das emissões de diesel é uma função da melhoria da combustão, da formulação do combustível e dos dispositivos de pós-tratamento. A combinação da formulação do combustível com a adição de um dispositivo de pós-tratamento é eficaz para o controlo das emissões dos motores diesel em utilização. Em geral, reconheceu-se que a adição de componentes de mistura oxigenados ao combustível para motores diesel resultará em menores emissões de partículas em muitas condições de funcionamento. A utilização de combustíveis oxigenados pode reduzir o consumo de gasóleo e as emissões de fumos ou de partículas (PM) sem grandes modificações do motor e, por conseguinte, tem uma vasta aplicabilidade aos futuros veículos de lançamento, bem como aos que estão atualmente em utilização. Além disso, a maioria deles existe na forma líquida à temperatura ambiente e pode ser facilmente armazenada e transportada [17].

# CAPÍTULO 2

**REVISÃO DA LITERATURA**

## 2.1 Revisão da literatura

Foi realizado um volume substancial de trabalho sobre vários aspectos do biodiesel. Este capítulo classifica a literatura em três partes. A primeira parte aborda a literatura relacionada com o biodiesel e a transesterificação. A segunda parte aborda a literatura relacionada com a produção de biodiesel a partir de óleo de farelo de arroz. A terceira parte aborda a literatura relacionada com as caraterísticas de desempenho e de emissões do biodiesel utilizado em motores a gasóleo/biocombustível.

O principal objetivo desta revisão da literatura é fornecer informações sobre as questões a considerar nesta investigação e realçar a relevância do presente estudo. Foi efectuada uma pesquisa bibliográfica intensiva a partir de fontes disponíveis sobre a utilização de diferentes combustíveis alternativos, como o óleo vegetal e as suas misturas, o biodiesel e as suas misturas no motor diesel. Este capítulo contém, de forma resumida, uma descrição actualizada das actividades de investigação na área dos motores diesel que utilizam vários combustíveis.

**Sundarapandian et al. [18]** relataram que, após a esterificação do óleo vegetal, a sua densidade, viscosidade, número de cetano, valor calorífico, taxa de atomização e vaporização, peso molecular e distância de penetração do spray de combustível são melhorados. Foram desenvolvidos vários processos para a produção de combustível biodiesel, entre os quais a transesterificação utilizando a catálise alcalina proporciona níveis elevados de conversão de triglicéridos nos seus ésteres metílicos correspondentes em tempos de reação curtos.

**Balusamy et al. [19]** investigaram o éster metílico do óleo de semente de Thevetia-peruviana (TPSO) e misturaram-no com gasóleo, tendo sido testado num motor diesel monocilíndrico naturalmente aspirado à velocidade nominal de 1500 rpm.

**Agarwal D. et al. [20]** concluíram que o processo de transesterificação é considerado um método eficaz para reduzir a viscosidade dos óleos vegetais e eliminar problemas operacionais e de durabilidade após a avaliação das caraterísticas de desempenho e de emissões do óleo de linhaça, do óleo de mahua, do óleo de farelo de arroz e do éster metílico do óleo de linhaça (LOME) num motor diesel.

**A. Demirbas [21]** estudou que os biocombustíveis se tornaram mais atractivos recentemente devido aos seus benefícios ambientais. A adição de etanol à gasolina aumentou o binário do motor, a potência e o consumo de combustível e reduziu as emissões de monóxido de carbono (CO) e de hidrocarbonetos (HC). Em geral, o biodiesel aumenta as emissões de NOx quando utilizado como combustível no motor diesel. As emissões de biodiesel (B20 e B100) para veículos de ignição por compressão (diesel) do mesmo modelo aumentaram de 1,86 para 2,23, respetivamente.

**Rambabu Kantipudi et al. [22]** centraram-se na tendência atual de reduzir as emissões de escape dos motores para cumprir as normas estabelecidas pelo Euro/Bharat Pollution Boards, juntamente com a substituição do gasóleo por combustíveis alternativos renováveis, tendo em conta o possível esgotamento das reservas de petróleo. O estudo efectuado consistiu em utilizar o biodiesel (éster metílico de farelo de arroz) como substituto total do gasóleo de petróleo. Em vez de ar aquecido com a técnica de carburação, experimentou-se o aquecimento em linha do etanol combustível antes de ser carburado na extremidade de aspiração, tendo em vista que a eficiência volumétrica do motor não foi afetada. Observou-se uma melhoria do desempenho do motor e das emissões de escape no motor adaptado.

**S.K. Mahla et al. [23]** investigaram o desempenho e as caraterísticas das emissões de diferentes misturas de éster metílico de linhaça num motor diesel. O éster metílico do óleo de linhaça foi obtido através do processo de transesterificação. Foram efectuadas investigações experimentais para examinar as propriedades, o desempenho e as emissões de diferentes misturas (B15, B20 e B30) de éster metílico de óleo de linhaça em comparação com o gasóleo. Os resultados mostraram que a eficiência térmica de travagem do B20 foi superior à do gasóleo em todas as condições de carga. O B20 apresentou os melhores resultados, pelo que pode ser considerado como uma mistura de combustível óptima em termos de desempenho e de redução das emissões. Além disso, verificou-se que as emissões de fumo, HC e CO do gasóleo a diferentes cargas eram mais elevadas do que as das misturas de biodiesel B15, B20 e B30.

**B.S. Chauhan [24]** estudou o desempenho do motor com biodiesel de Jatropha e suas misturas e comparou-o com o desempenho com gasóleo. Os resultados mostram que os óxidos de azoto do biodiesel de Jatropha durante toda a gama de experiências foram superiores aos do gasóleo. Durante o funcionamento do motor com biodiesel e suas misturas, as emissões como o CO, a densidade dos fumos e os HC foram reduzidas em comparação com o gasóleo. Estas reduções das emissões podem dever-se à combustão completa do combustível.

**Santos et al. [25]** estudaram o desempenho do motor e as emissões de escape do biodiesel de óleo de amendoim. As diferentes misturas de B10, B15 e B20 foram formadas para os testes. Os resultados mostraram que, no caso do B15, o BSFC foi superior ao do gasóleo, em comparação com o B10 e o B20. Além disso, os resultados mostraram que os NOx foram superiores no caso do B20, mas as emissões de CO foram inferiores no caso do B10.

**Barik et al. [26]** investigaram as caraterísticas de desempenho e emissões de um motor diesel DI (injeção direta) alimentado com biogás-diesel em modo de combustível duplo e compararam-no com o diesel. O gasóleo foi utilizado como combustível injetado e o biogás foi induzido em quatro caudais diferentes de 0,3 kg/h, 0,6 kg/h, 0,9 kg/h e 1,2 kg/h, juntamente com o ar. Os resultados indicaram que o biogás induzido a um caudal de 0,9 kg/h apresentou um melhor desempenho e emissões mais baixas do que os outros caudais. Verificou-se que as emissões de NOx (óxido nítrico) e de fumos no funcionamento a duplo combustível eram globalmente inferiores em cerca de 39% e 49%, em comparação com o funcionamento a gasóleo.

**Barik et al. [27]** estudaram os resultados de uma investigação experimental efectuada num motor de ignição por compressão (IC) de duplo combustível, utilizando biogás como combustível primário e KME (Karanja methyl ester) como combustível piloto. No modo de combustível duplo, o biogás foi induzido em quatro taxas de fluxo diferentes, viz. 0,3 kg/h, 0,6kg/h, 0,9 kg/h e 1,2 kg/h. O caudal de biogás de 0,9 kg/h proporcionou um melhor desempenho e emissões mais baixas do que os outros caudais. As emissões de NOx e de fumo foram inferiores em cerca de 34% e 14% às do funcionamento do KME a plena carga.

**Alptekin et al. [28]** investigaram o desempenho e as caraterísticas das emissões de misturas de bioetanol e gasóleo num motor de ignição por compressão e os resultados foram comparados com os do gasóleo. Os resultados mostraram que o BSFC diminui em cargas baixas e altas e também aumenta com o aumento da mistura. As caraterísticas das emissões também foram observadas e mostraram que as emissões de CO diminuíram, mas as emissões de NOx aumentaram no caso da mistura de bioetanol e gasóleo.

**Ogunwa et al. [29]** estudaram o óleo de sementes de melão como fonte de biodiesel. Foram testadas as propriedades do óleo de sementes de melão. A partir das propriedades testadas, ficou claro que o teor de AGL no óleo de melão era muito baixo, pelo que foi utilizado para o processo de transesterificação. Além disso, o óleo de melão apresentou propriedades muito semelhantes às do gasóleo, pelo que foi utilizado como matéria-prima para o biodiesel.

**B. J. Bora et al. [30]** investigaram o desempenho e as caraterísticas das emissões em modo de duplo combustível utilizando biogás com éster metílico de óleo de farelo de arroz (RBME). Os resultados mostraram que o biocombustível duplo de RBME - biogás produziu uma eficiência máxima de 19,97% em comparação com 18,4% e 17,4% para o biogás de éster metílico de óleo de pongâmia (PME) e o biogás de éster metílico de óleo de palma (POME), respetivamente a 100% de carga. O estudo das emissões revelou que, no modo de combustível duplo, há um aumento das emissões de CO de 25,74% e 32,58% para o biogás PME e o biogás POME, respetivamente, em comparação com o biogás RBME. Além disso, as emissões de HC para PME-biogás e POME-biogás aumentaram 11,73% e 16,27%, respetivamente, em comparação com RBME-biogás. Por outro lado, há uma diminuição das emissões de NOx de 5,8% e 14%, respetivamente, para o biogás PME e o biogás POME, em comparação com o éster metílico do óleo de farelo de arroz. As emissões de $CO_2$ do biogás PME e do biogás POME também diminuíram em 23,1% e 31,83%, respetivamente, em comparação com o éster metílico do óleo de farelo de arroz. Assim, a combustão dupla biodiesel-biogás é uma tecnologia promissora que oferece baixas emissões de NOx e de partículas com uma eficiência marginalmente inferior à do gasóleo.

**K. Vijayaraj et al. [31]** descreveram a reação de transesterificação do óleo de semente de manga puro em éster metílico de óleo de semente de manga (MEMSO). Os resultados mostraram que o BTE e os fumos de HC eram mais baixos no caso do biodiesel MEMSO. Além disso, as emissões de CO para B25, B50 e B75 foram inferiores às do gasóleo a plena carga, mas para B100 foram superiores a toda a carga. O BSFC e os NOx foram superiores aos do gasóleo. A mistura B25 foi a óptima para os parâmetros de desempenho e emissões.

**Venu et al. [32]** descreveram a influência do DEE nos biodieseis misturados com etanol e metanol, respetivamente. As várias misturas de E20B40D40, M20B40D40, EBD-5DEE, EBD-10DEE, MBD-5DEE e MBD-10DEE foram utilizadas para verificar o desempenho e as emissões do motor. Os resultados mostraram que a adição de DEE no EBD aumentou a redução de NOx, PM e fumo devido à redução do atraso de ignição. Outro resultado foi que a adição de DEE no MBD aumentou as PM, o CO e o $CO_2$ com um BSFC baixo. Em termos gerais, o EBD-5DEE e o MBD-5DEE apresentaram um melhor desempenho do motor e emissões mínimas.

**Parvesh Kumar et al. [33]** estudaram a formulação de um combustível duplo utilizando gasóleo com éster metílico de óleo de Jatropha (JOME) como combustível piloto e gás natural comprimido (GNC) como combustível primário num motor de combustível duplo. As caraterísticas de desempenho e de emissões do combustível duplo foram comparadas com as do gasóleo convencional (dados de base). O caudal mássico do combustível primário variou com a carga, mas o caudal mássico do combustível piloto foi mantido constante em todas as condições de carga. Os resultados indicam que o motor bicombustível pode produzir uma elevada eficiência térmica à travagem de 32,1% e um baixo consumo específico de combustível à travagem de 0,203 kg/kW-h em comparação com os dados de base a uma carga mais elevada. O motor bicombustível melhorou as emissões de monóxido de carbono (CO) e de fumo, enquanto as emissões de hidrocarbonetos não queimados (UHC) e de óxidos de azoto (NOx) se mantiveram elevadas.

## 2.2 Lacuna na revisão da literatura

A partir da revisão da literatura acima referida, é evidente que uma grande variedade de óleos comestíveis ou não comestíveis foi utilizada como mistura de biodiesel com gasóleo em motores de ignição por compressão. A Índia tem um dos maiores potenciais para a produção de biodiesel a partir de óleo de farelo de arroz.

Depois de analisar os artigos publicados e os trabalhos de investigação a partir da revisão da literatura acima referida, foram encontrados os seguintes pontos salientes:

- Foram realizados muitos trabalhos de investigação utilizando os ésteres metílicos de óleos como o óleo de farelo de arroz, o óleo de soja, o óleo de mostarda, o óleo de semente de algodão, etc., misturados com o gasóleo utilizando motores a gasóleo monocilíndricos ou multicilíndricos apenas no modo de combustível único. No entanto, foram efectuados poucos trabalhos de investigação sobre o modo de combustível duplo, utilizando misturas de biodiesel-diesel como combustível piloto e biogás como combustível primário.

- Poucos trabalhos de investigação foram relatados sobre a aplicação de aditivos oxigenados combinados aplicáveis às misturas de biodiesel-diesel como combustível piloto e biogás como combustível gasoso (primário) em modo de combustível duplo.

## 2.3 Objectivos do presente trabalho

Para colmatar a lacuna de conhecimento mencionada na investigação publicada sobre biodieseis, o objetivo do presente trabalho de investigação foi formulado para:

- Preparar o biodiesel a partir de óleo de farelo de arroz (R.B.O.) utilizando o processo de transesterificação.

- Preparar as misturas de biodiesel. As duas misturas a preparar são as seguintes

1. D80 - B10 - DEE10

2. D60 - B20 - DEE20

- Estudar as várias propriedades das misturas de biodiesel e comparar essas propriedades com o gasóleo.

- Estudar o desempenho e as caraterísticas das emissões de um motor diesel monocilíndrico em modo de combustível duplo utilizando misturas de diesel-biodiesel de farelo de arroz-DEE como combustível piloto e biogás como combustível primário em condições de carga variável com um caudal de biogás fixo e ótimo.

As várias caraterísticas de desempenho e de emissões que devem ser estudadas são mencionadas no quadro 2.1.

**Quadro 2.1 Lista das caraterísticas de desempenho e de emissões a estudar**

| Sr. No. | Performance Characteristics | Emission Characteristics |
|---|---|---|
| 1. | Brake Power | HC Emissions |
| 2. | Brake Specific Fuel Consumption | CO Emissions |
| 3. | Brake Specific Energy Consumption | $CO_2$ Emissions |
| 4. | Brake Thermal Efficiency | $NO_x$ Emissions |

- Estudar o efeito do aditivo Di-éter etílico (DEE) utilizado no combustível piloto nas caraterísticas de emissão do motor.

# CAPÍTULO 3

**MATERIAIS E METODOLOGIA**

Este capítulo descreve a metodologia utilizada para a preparação de biodiesel, bem como as suas várias propriedades. Além disso, descreve também a metodologia experimental adoptada para avaliar o desempenho e as caraterísticas das emissões de escape de um motor bicombustível utilizando diferentes misturas com e sem biogás.

A preparação do biodiesel e os testes das suas propriedades foram efectuados no laboratório do projeto Fast Track patrocinado pelo DST-SERB (Governo da Índia) no Adesh Institute of Engineering and Technology, Faridkot. As experiências de desempenho e de emissões foram efectuadas na oficina central do Adesh Institute of Engineering and Technology, Faridkot, onde a central de biogás estava disponível.

## 3.1 Materiais

Foram utilizados os seguintes materiais:

1. Óleo de farelo de arroz refinado

2. Metanol (álcool metílico)

3. Hidróxido de sódio (NaOH) como catalisador

4. Éter dietílico (combustível oxigenado / aditivo)

O farelo de arroz refinado foi adquirido num armazém local. O metanol, o hidróxido de sódio (NaOH) e o éter dietílico estavam disponíveis no laboratório do projeto na AIET, Faridkot, (Punjab). O gasóleo comercial foi adquirido na bomba de gasolina mais próxima. A transesterificação foi realizada no reator de biodiesel, também conhecido como agitador de biodiesel.

## 3.2 Metodologia a adotar

O trabalho efectuado pode ser dividido nas seguintes etapas

1. Produção de biodiesel.

2. Estimativa das propriedades do biodiesel misturado produzido. .

3. Caraterísticas de desempenho e de emissões.

4. Comparação das caraterísticas de desempenho e de emissões do biodiesel com o gasóleo.

### 3.2.1 Produção de biodiesel

O primeiro passo é a preparação do biodiesel. O biodiesel foi preparado por transesterificação. O processo de transesterificação é a reação de um triglicérido (gordura/óleo) com um álcool para formar ésteres (biodiesel) e glicerol. Durante o processo de transesterificação, o triglicérido (óleo/gordura vegetal) reage com o álcool na presença de um catalisador; o catalisador utilizado é o hidróxido de sódio. A reação do processo de transesterificação é apresentada na fig. 3.1.

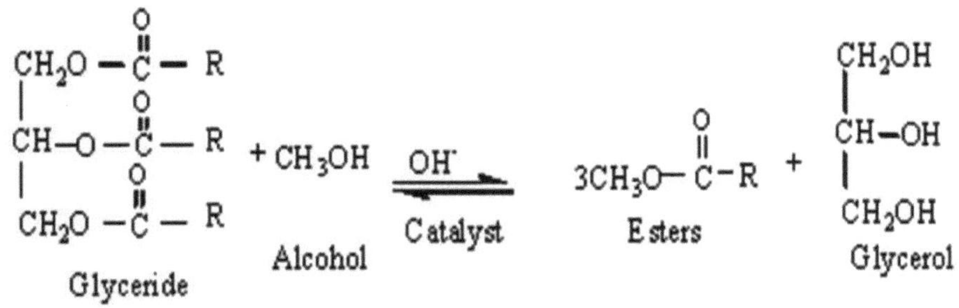

$$CH_2O-C(=O)-R,\ CH-O-C(=O)-R,\ CH_2O-C(=O)-R\ \text{(Glyceride)} + CH_3OH\ \text{(Alcohol)} \xrightarrow[\text{Catalyst}]{OH^-} 3CH_3O-C(=O)-R\ \text{(Esters)} + CH_2OH,\ CH-OH,\ CH_2OH\ \text{(Glycerol)}$$

**Fig 3.1 Reação de transesterificação de triglicéridos com álcool [4] [34]**

O álcool reage com os ácidos gordos para formar o éster monoalquílico, ou biodiesel, e o glicerol bruto. Na maior parte da produção, o álcool utilizado é o metanol ou o etanol (o metanol produz ésteres metílicos, o etanol produz ésteres etílicos) e é catalisado por hidróxido de sódio. A natureza dos ácidos gordos pode afetar as caraterísticas do biodiesel. Os AGL podem reduzir a qualidade e o rendimento da produção de biodiesel. Em seguida, procede-se à separação dos ésteres (biodiesel) e do glicerol. O co-produto mais pesado, o glicerol, deposita-se e pode ser purificado para utilização noutras indústrias, por exemplo, a farmacêutica, a cosmética, etc.

A transesterificação é um método fiável para a extração de biodiesel entre todos os métodos, pelas seguintes razões

-Disponibilidade fácil

-Menos    viscosidade e conversão de alto rendimento

- Metodologia simples

- Custo de produção mais baixo

- Tempo de reação mais curto e recuperação de glicerol de alta qualidade

## 3.2.1.1 Procedimento para produzir biodiesel através do processo de transesterificação

Para produzir biodiesel, deve seguir-se o seguinte procedimento

1. Colocaram-se 500 ml de óleo de farelo de arroz num copo. A amostra de óleo foi aquecida a 55°C.

2. Adicionou-se 135 ml de metanol a um balão diferente e 2,5 g de NaOH. Tapar o balão e agitar constantemente até à mistura adequada do metanol e da solução de hidróxido de sódio num agitador magnético.

3. Foi utilizado um agitador elétrico (reator de biodiesel) para a reação de metanol e solução de hidróxido de sódio com óleo de farelo de arroz a uma temperatura constante de 55°C a uma velocidade constante de 700 rpm durante uma hora [35].

**Fig 3.2 Reator de Biodiesel**

### 3.2.1.2 Separação do biodiesel do glicerol

O produto foi então deixado assentar durante a noite para produzir duas fases líquidas distintas: fase de éster (biodiesel) no topo e fase de glicerol no fundo. O glicerol foi separado utilizando uma ampola de decantação [36].

**Fig 3.3 Biodiesel no funil de separação**

Foi utilizado um separador de gravidade para separar o biodiesel e o glicerol. O óleo obtido da reação foi vertido no separador de gravidade durante 24 horas.

### 3.2.1.3 Purificação do biodiesel

A purificação do biodiesel é efectuada com o método de lavagem com água. Na lavagem com água, a água foi aquecida até 70°C e depois adicionada ao biodiesel num separador por gravidade. A mistura de biodiesel bruto e água foi agitada cuidadosamente durante 1 minuto e colocada em pé num funil de separação para permitir a separação das camadas de biodiesel e água. Foi dado um intervalo de 24 horas entre as lavagens seguintes.

A lavagem com água do biodiesel assim produzido é essencial para remover as impurezas e o catalisador residual, que podem ser prejudiciais para os motores de combustão. Foi purificado por lavagem com água destilada para remover todos os subprodutos residuais. A lavagem com água foi efectuada 3-4 vezes para remover o glicerol do biodiesel [3].

**Fig 3.4 Lavagem do biodiesel com água**

### 3.2.1.4 Aquecimento do biodiesel

O biodiesel foi aquecido acima de 100°C para a remoção do conteúdo de água e metanol após o processo de lavagem. Os teores de água presentes no biodiesel podem afetar o desempenho do motor, pelo que é necessário remover esses teores de água.

**Fig 3.5 Aquecimento do biodiesel**

### 3.2.1.5 Rendimento do óleo

O rendimento é definido como a quantidade de ésteres metílicos (biodiesel) que é extraída do óleo de base (farelo de arroz). O rendimento do óleo deve ser elevado para que seja extraída a quantidade máxima de biodiesel.

### 3.2.1.5.1 Cálculo do rendimento do biodiesel de farelo de arroz antes do processo de lavagem

Óleo de farelo de arroz cru utilizado = 500 ml

Biodiesel obtido após transesterificação = 480 ml (antes da lavagem)

Rendimento = 480 / 500
= 96 % (antes da lavagem)

### 3.2.1.5.2 Cálculo do rendimento do biodiesel de farelo de arroz após o processo de lavagem

Óleo de farelo de arroz cru utilizado = 500 ml

Biodiesel obtido após transesterificação = 456 ml (após lavagem)

Rendimento = 458 / 500
= 91,6 % (após lavagem)

### 3.2.2 ESTIMATIVA DAS PROPRIEDADES DO BIODIESEL PRODUZIDO

Depois de produzir o biodiesel, as propriedades do biodiesel foram determinadas utilizando vários equipamentos. As propriedades testadas e o aparelho utilizado para a determinação das propriedades estão tabelados na tabela 3.1.

**O quadro 3.1 apresenta a lista das propriedades testadas e os aparelhos utilizados.**

| Sr. No. | Property | Apparatus Used |
|---|---|---|
| 1. | Free Fatty Acids (FFA) | - |
| 2. | Density | Weighing Balance |
| 3. | Kinematic Viscosity | Redwood Viscometer |
| 4. | Carbon Residue Content | Carbon Residue (Ram's Bottom Apparatus) |
| 5. | Ash Content | Muffle Furnace |
| 6. | Cloud Point | Cloud and Pour Point Apparatus |
| 7. | Pour Point | Cloud and Pour Point Apparatus |
| 8. | Flash Point | Flash and Fire Point Apparatus |
| 9. | Fire Point | Flash and Fire Point Apparatus |
| 10. | Calorific Value | Bomb Calorimeter |

### 3.2.2.1 Valor dos ácidos gordos livres (FFA)

A primeira propriedade que verificámos foi o valor de FFA. Se o óleo tiver um elevado teor de água ou de ácidos gordos livres (AGL), a reação não será bem sucedida devido à saponificação (a saponificação é definida como a reação de um éster com uma base metálica e água), vulgarmente conhecida como produção de sabão, e dificultará a separação do glicerol no final da reação. O teor de AGL do óleo bruto determinará a quantidade de biodiesel como produto final. Um teor muito baixo de FFA (<0,2) pode dar um rendimento total de 100%. Assim, estas duas propriedades são importantes para verificar quando o biodiesel é extraído do óleo.

### 3.2.2.1.1 Procedimento para o cálculo do valor da AF

Uma vez que os AGL podem causar saponificação em vez de produção de biodiesel, é importante conhecer o teor de AGL num lote de óleo e saber se é necessário adotar medidas para reduzir o teor para obter êxito no processo de transesterificação. O teor de AGL pode ser obtido através da utilização de uma titulação.

O método de estimativa das FFA é descrito a seguir:

1. Introduzir 50 ml de álcool num erlenmeyer com adição do indicador fenolftaleína.

2. Juntar 10 ml de óleo de base ao frasco cónico.

3. Aqueça o conteúdo até que surjam as primeiras bolhas. (cerca de 70°C)

4. A fenolftaleína indicará o fim da reação como uma cor vermelha/rosa quando o NaOH for utilizado como titulante. (0.1N)

5. Quando as quantidades são conhecidas, o teor de AGL pode ser calculado.

$$\text{Peso da amostra} = \text{Volume} \times \text{densidade}$$

$$\text{Valor de FFA} = (28,2 \times V \times N)/ \text{(peso da amostra)}$$

Onde,

    V = volume de NaOH consumido na titulação

    N = normalidade do NaOH

Quadro 3.2 Valor de ácidos gordos livres de diferentes misturas

| Sr. No. | Blended Fuel | Free Fatty Acid Value |
|---------|--------------|------------------------|
| 1. | D80-B10-DEE10 | 0.0108 |
| 2. | D60-B20-DEE20 | 0.0114 |

## 3.2.2.2 Densidade de diferentes misturas

O procedimento para calcular a densidade de ambas as misturas é o seguinte

### 3.2.2.2.1 Densidade da mistura D80-B10-DEE10

- Peso do balão cilíndrico vazio (100 ml) = 55,38 gm
- Volume da mistura D80-B10-DEE10 recolhido num balão cilíndrico = 100 ml
- Peso do balão cilíndrico com a mistura D80-B10-DEE10 = 137,23 gm
- Peso da mistura D80-B10-DEE10 sozinha = 137,23 - 55,38 = 81,85 gm
- Sabemos que, Densidade = $\underline{\text{Massa}}$ = $\underline{81,85}$ gm = 818,5 kg/m$^3$

  Volume 100 ml

### 3.2.2.2.2 Densidade da mistura D60-B20-DEE20

- Peso do balão cilíndrico vazio (100 ml) = 55,38 gm
- Volume da mistura D60-B20-DEE20 recolhido num balão cilíndrico = 100 ml
- Peso do balão cilíndrico com a mistura D60-B20-DEE20 = 135,89 gm
- Peso da mistura D60-B20-DEE20 sozinha = 135,89 - 55,38 = 80,51 gm
- Sabemos que, Densidade = $\underline{\text{Massa}}$ = $\underline{80,51}$ gm = 805,10 kg/m$^3$

  Volume 100 ml

Tabela 3.3 Densidade de diferentes misturas

| Sr. No. | Blended Fuel | Density (kg/m$^3$) |
|---------|--------------|---------------------|
| 1. | D80-B10-DEE10 | 818.5 |
| 2. | D60-B20-DEE20 | 805.1 |

## 3.2.2.3 Viscosidade cinemática

A viscosidade pode ser definida como a resistência ao fluxo de um líquido devido à fricção interna entre o líquido e a superfície. Desempenha um papel importante no desempenho do sistema de combustível de um motor que funciona numa vasta gama de temperaturas. A viscosidade cinemática afecta o sistema de injeção. Uma viscosidade baixa pode resultar num desgaste excessivo das bombas de injeção e na perda de potência devido a fugas na bomba, ao passo que uma viscosidade elevada pode resultar numa resistência excessiva da bomba, no bloqueio do filtro, numa pressão elevada e em taxas de atomização e de fornecimento de combustível grosseiras.

### 3.2.2.3.1 Procedimento de cálculo da viscosidade cinemática

Foi utilizado um viscosímetro Redwood para medir a viscosidade cinemática das amostras de combustível selecionadas. O instrumento mede o tempo de escoamento por gravidade, em segundos, de um volume fixo do fluido (50 ml) através de um orifício específico feito numa peça de ágata. O aparelho pode ser utilizado para tempos de escoamento entre 30 e 2000 segundos. O combustível foi enchido num copo equipado com um jato de ágata no fundo até um nível especificado indicado no copo. O copo estava rodeado por uma camisa de água com um aquecedor de imersão. O aquecedor foi aquecido a 38°C, regulando a taxa de aquecimento através de um regulador de tensão do instrumento. Foi utilizada uma simples esfera metálica para abrir e fechar o jato de ágata. Um copo volumétrico normalizado de 50 ml foi mantido por baixo do jato de ágata para recolher amostras de combustível em queda. Cada ensaio foi repetido três vezes. A viscosidade cinemática em centistokes foi então calculada a partir das unidades de tempo, utilizando as relações:-

$$V_k = 0.26\, t - 179/t \quad (i)$$

Quando $34 < t < 100$ e

$$V_k = 0.24\, t - 50/t \quad (ii)$$

Quando $t > 100$

Vk = Viscosidade cinemática em centistokes,

cSt t = Tempo para o escoamento de 50 ml de amostra,

**Fig 3.6 Viscosímetro Redwood**

**Tabela 3.4 Viscosidade cinemática de diferentes misturas**

| Sr. No. | Blended Fuel | Kinematic Viscosity (cSt) |
|---------|--------------|---------------------------|
| 1. | D80-B10-DEE10 | 2.1 |
| 2. | D60-B20-DEE20 | 2.5 |

### 3.2.2.4 Teor de resíduos de carbono

O resíduo de carbono é a quantidade de partículas de carbono que são consideradas como subprodutos do combustível. Após a queima do combustível, estas partículas ficam na superfície do pistão, o que não é desejável. O teor de resíduos de carbono deve ser pequeno para os biodieseis. Estes são medidos em wt%.

### 3.2.2.4.1 Procedimento para calcular o valor do teor de resíduos de carbono

1. Primeiro, pesou-se o bolbo vazio e depois com a amostra de combustível (4-5 gm).

2. Adicionar 4-5 gm de combustível numa ampola e pesar o ganho.

3 O peso da amostra foi obtido a partir da diferença entre o peso inicial e o peso final do bolbo.

4. A amostra foi então colocada no recipiente de medição de resíduos de carbono e aquecida a 500° C durante 20 minutos. O teor de resíduos de carbono foi obtido utilizando a equação seguinte

$$Cr = \frac{Wc}{Ws} \times 100$$

Onde,

Cr = Teor de resíduos de carbono, %

Wc = Peso do resíduo de carbono, gm

Ws = Peso da amostra, gm

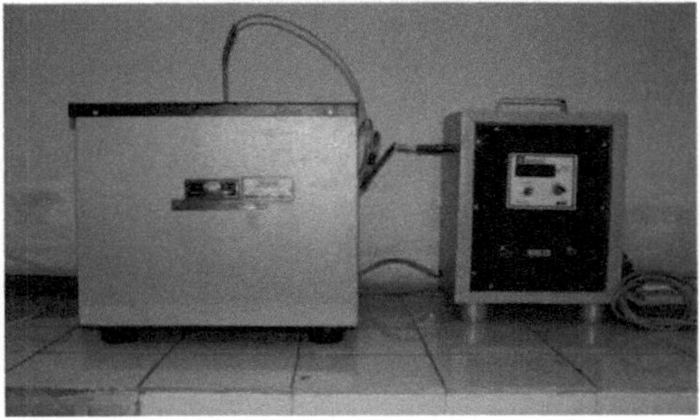

**Fig 3.7 Aparelho para determinação do teor de resíduos de carbono**

**Tabela 3.5 Teor de resíduos de carbono de diferentes misturas**

| Sr. No. | Blended Fuel | Carbon Residue Content (%) |
|---------|--------------|----------------------------|
| 1. | D80-B10-DEE10 | 0.0205 |
| 2. | D60-B20-DEE20 | 0.0198 |

## 3.2.2.5 Teor de cinzas

As cinzas num combustível podem resultar de óleo, de compostos de materiais solúveis em água ou de sólidos estranhos, como a sujidade e a ferrugem.

### 3.2.2.5.1 Procedimento para calcular o valor do teor de cinzas

O procedimento para calcular o valor do teor de cinzas é o seguinte

1. Em primeiro lugar, a amostra foi recolhida num prato de sílica.

2. O prato foi pesado primeiro vazio e depois com a amostra de combustível (14-15 g).

3. O peso da amostra foi obtido a partir da diferença entre o peso inicial e o peso final da placa.

4. A amostra foi então colocada na mufla e aquecida a 500°C durante 20 minutos. O teor de cinzas foi obtido utilizando a equação seguinte

$$A_c = \frac{(\text{Wt. of dish after experiment.} - \text{Wt. of dish})}{(\text{Wt. of sample})} \times 100$$

Onde, $_{AC}$ = Teor de cinzas (%)

**Fig 3.8 Forno de mufla**

**Tabela 3.6 Teor de cinzas das diferentes misturas**

| Sr. No. | Blended Fuel | Ash Content (%) |
|---|---|---|
| 1. | D80-B10-DEE10 | 0.0105 |
| 2. | D60-B20-DEE20 | 0.0127 |

### 3.2.2.6 Nuvem e ponto de fluidez

O ponto de turvação e de escoamento é a medida que indica que o combustível é suficientemente fluido para ser bombeado ou transferido. Por conseguinte, é importante para os motores que funcionam em climas frios. O ponto de turvação é definido como a temperatura a que aparece uma nuvem ou uma névoa de cristais de cera no fundo de um frasco de ensaio quando arrefecido nas condições prescritas. O ponto de fluidez é definido como a temperatura à qual o combustível deixa de fluir. Ambas as propriedades podem indicar a tendência para o entupimento do filtro e problemas de fluxo na linha de combustível.

### 3.2.2.6.1 Procedimento para calcular a nuvem e o ponto de fluidez

O procedimento de cálculo do ponto de nuvem é apresentado em seguida:-.

**1.** O aparelho é constituído essencialmente por tubos de vidro de 12 cm de altura e 3 cm de diâmetro.

**2.** Estes tubos são encerrados numa camisa de ar, que é enchida com uma mistura congelante de gelo picado e cristais de cloreto de sódio.

**3.** O tubo de vidro que contém a amostra de combustível é retirado da camisa a cada intervalo de 1°C, à medida que a temperatura desce, e é inspeccionado quanto à formação de nuvens.

**4.** O ponto em que se observou pela primeira vez uma névoa no fundo da amostra foi considerado como o ponto de nuvem.

**Fig 3.9 Aparelho de ponto de névoa e ponto de fluidez**

O aparelho e o procedimento para o ponto de fluidez foram os mesmos que para o ponto de turvação, só que a amostra foi pré-aquecida a 48°C e depois arrefecida a 35°C ao ar antes de ser colocada no tubo de vidro. Posteriormente, as amostras arrefecidas foram colocadas no aparelho e retiradas do banho de arrefecimento a intervalos de 1°C para verificar a sua capacidade de escoamento. O ponto de escoamento foi considerado como sendo a temperatura 1°C acima da temperatura à qual não se observou qualquer movimento do combustível durante cinco segundos ao inclinar o tubo para uma posição horizontal.

**Tabela 3.7 Ponto de nuvem e pontos de fluidez de diferentes misturas**

| Sr. No. | Blended Fuel | Cloud Point (°C) | Pour Point (°C) |
|---------|--------------|------------------|-----------------|
| 1. | D80-B10-DEE10 | 5.1 | 0.1 |
| 2. | D60-B20-DEE20 | 5.5 | 0.5 |

### 3.2.2.7 Ponto de inflamação e de fogo

O ponto de inflamação é definido como a temperatura mais baixa à qual o combustível liberta vapores suficientes e se inflama por um momento. O ponto de inflamação é uma extensão do ponto de inflamação, na medida em que reflecte a condição em que o vapor arde continuamente durante cinco segundos. O ponto de inflamação é sempre superior ao ponto de inflamação em 5 a 8°C.

### 3.2.2.7.1 Procedimento para calcular o ponto de inflamação e o ponto de fogo

O procedimento para calcular o ponto de inflamação é o seguinte

1. A amostra foi colocada no copo de ensaio até ao nível especificado e aquecida através do aquecimento do banho de ar com a ajuda de um aquecedor.

2. A amostra de combustível foi agitada a um ritmo constante e lento. A amostra foi aquecida de modo a que a taxa de aumento da temperatura fosse de aproximadamente 5°C por minuto.

3. A temperatura foi medida com a ajuda de um termómetro com uma gama de -10 a 400°C.

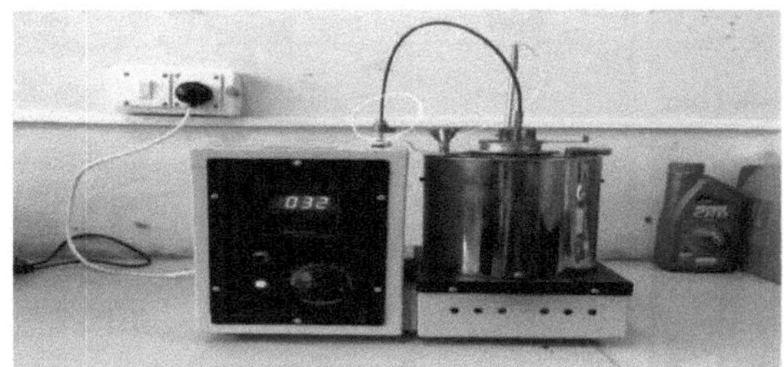

**Fig 3.10 Aparelho de ponto de inflamação e ponto de fogo**

4. Em cada aumento de temperatura de 1°C, a chama foi introduzida por um momento com a ajuda de um obturador.

5. A temperatura a que surge um clarão sob a forma de som e luz foi registada como ponto de inflamação.

6. O ponto de inflamação foi registado como a temperatura a que o vapor de combustível se inflama e permanece durante pelo menos cinco segundos.

**Tabela 3.8 Ponto de inflamação e ponto de fogo de diferentes misturas**

| Sr. No. | Blended Fuel | Flash Point (°C) | Fire Point (°C) |
|---------|--------------|------------------|-----------------|
| 1. | D80-B10-DEE10 | 79 | 86 |
| 2. | D60-B20-DEE20 | 90 | 95 |

### 3.2.2.8 Poder calorífico

O calor de combustão ou o poder calorífico de um combustível é uma medida importante, uma vez que é o calor produzido pelo combustível no interior do motor que permite que este efectue o trabalho útil. O calor de combustão das amostras de combustível foi determinado com a ajuda de um Calorímetro de Bomba.

### 3.2.2.8.1 Procedimento de cálculo do poder calorífico

Uma amostra de combustível de 1 ml foi queimada na bomba do calorímetro na presença de oxigénio puro. A amostra foi inflamada eletricamente. À medida que o calor era produzido, o aumento da temperatura da água era medido. O equivalente de água (capacidade calorífica efectiva do calorímetro) foi também determinado utilizando ácido benzoico puro e seco como combustível de ensaio.

O calor bruto de combustão das amostras de combustível foi calculado utilizando a equação abaixo indicada:

$$H_C = \frac{W_c \times \Delta T}{M_S}$$

Onde,

$H_C$ = Calor de combustão da amostra de combustível, Cal/g

$W_C$ = Equivalente de água do calorímetro, Cal/ $C^0$

$\Delta T$ = Aumento da temperatura, $C^0$

$M_S$ = Massa da amostra queimada, gm

**Fig 3.11 Calorímetro de bomba digital**

**Tabela 3.9 Poder calorífico de diferentes misturas**

| Sr. No. | Blended Fuel | Calorific Value (KJ/Kg) |
|---------|--------------|-------------------------|
| 1. | D80-B10-DEE10 | 41470 |
| 2. | D60-B20-DEE20 | 40090 |

**Tabela 3.10 Propriedades comparativas do gasóleo e do combustível misturado**

| Sr. No | Properties | Units | ASTM Standard | Diesel | D80-B10-DEE10 | D60-B20-DEE20 |
|---|---|---|---|---|---|---|
| 1. | Density | $Kg/m^3$ | 840-860 | 832 | 819 | 805 |
| 2. | FFA value | % | <0.2 | - | 0.0108 | 0.0114 |
| 3. | Viscosity | cSt | 1.9-6.0 | 2.023 | 2.1 | 2.5 |
| 4. | Flash point | $^0C$ | >130 | 69 | 79 | 90 |
| 5. | Fire point | $^0C$ | >53 | 74 | 86 | 95 |
| 6. | Cloud point | $^0C$ | -3 to 12 | 3 | 5.1 | 5.5 |
| 7. | Pour point | $^0C$ | -15 to 10 | -2 | 0.1 | 0.5 |
| 8. | Calorific value | KJ/Kg | >33000 | 42850 | 41470 | 40090 |

## 3.2.3 Instalação experimental para o ensaio de desempenho do motor

Para o presente estudo, foi utilizado um motor diesel FC Dod a quatro tempos e monocilíndrico. Foi utilizado um analisador de quatro gases para medir a concentração de emissões gasosas, tais como hidrocarbonetos não queimados, monóxido de carbono, dióxido de carbono e óxidos de azoto. Os testes de desempenho e de emissões são efectuados no motor C.I. utilizando várias misturas de diesel-biodiesel-DEE como combustíveis. Em primeiro lugar, a experimentação foi efectuada com gasóleo (para obter os dados de base do motor) e, em seguida, foram efectuadas duas misturas de D80-B10-DEE10 e D60-B20-DEE20. O desempenho do motor é avaliado em termos de potência de travagem, consumo específico de combustível de travagem, consumo específico de energia de travagem, eficiência térmica de travagem e emissões do motor (HC, CO, $CO_2$ & $NO_x$ ). O consumo de combustível de um motor é medido determinando o tempo necessário para o consumo de um determinado volume de combustível utilizando uma bureta de vidro. A massa de combustível foi calculada multiplicando o consumo volumétrico de combustível pela sua densidade. Foi instalado um contador de leitura para calcular o caudal de biogás.

**Fig 3.12 Fotografia direta da instalação experimental**

**Legenda:** 1. Motor. 2. Dínamo. 3. Banco de cargas resistivas. 4. Painel de Controlo Elétrico. 5. Tanque de Sobrecarga de Ar. 6. Medidor de caudal de biogás. 7. Tacómetro digital. 8. Termopar da temperatura dos gases de escape. 9. Analisador de gases de escape AVL. 10. Sonda. 11. Bureta de medição de combustível. 12. Manómetro de tubo em U

### 3.2.3.1 Banco de carga

Um banco de cargas é um dispositivo que desenvolve uma carga eléctrica, aplica a carga a uma fonte de energia eléctrica e converte ou dissipa a potência de saída resultante da fonte. O objetivo de um banco de carga é imitar com precisão a carga operacional ou "real" que uma fonte de energia verá na aplicação real. O banco de carga de 5 KW foi utilizado na configuração.

A carga de 5 KW foi aplicada no motor em 5 etapas. Existem 10 interruptores no banco de carga. Cada interrutor tem uma capacidade de carga de 0,5 KW. Estes comutadores aplicaram a carga um a um. Em primeiro lugar, o motor funcionou em vazio, depois foi aplicada uma carga de 0,5 KW no motor e este processo continuou até ser aplicada uma carga de 5 KW no motor.

**Tabela 3.11 Especificações do motor**

| Parameters | Specifications |
| --- | --- |
| Engine | F Dod |
| Stroke Length | 110mm |
| No of Strokes | 4 |
| Cylinder Diameter | 102mm |
| No of Cylinders | 1 |
| Cooling Media | Air Cooled |
| Rated Capacity | 6 KW |
| Fuel | Diesel |

## 3.2.3.2 Parâmetros de desempenho

### 3.2.3.2.1 Potência de travagem

É definida como a potência de saída produzida pelo motor. A potência de travagem é obtida na cambota do motor. A potência de travagem é um dos parâmetros mais importantes na experiência do motor. É sempre inferior à potência indicada. É expressa em termos de KW.

### 3.2.3.2.2 Consumo específico de combustível nos travões

Define-se como o caudal de combustível por unidade de potência. É uma medida da eficiência do motor na utilização do combustível fornecido para produzir trabalho. É desejável obter um valor mais baixo de BSFC, o que significa que o motor utilizou menos combustível para produzir a mesma quantidade de trabalho. Este é um dos parâmetros mais importantes a comparar quando se testam vários combustíveis. É expresso em Kg/KWh.

### 3.2.3.2.3 Consumo específico de energia nos travões

É o produto do BSFC e do poder calorífico inferior do combustível. É desejável obter um valor mais baixo de BSEC, o que significa que o consumo de energia do combustível é menor para produzir a mesma quantidade de trabalho. É expresso em MJ/KWh.


### 3.2.3.2.4 Eficiência térmica do travão

É o rácio entre a potência térmica disponível no combustível e a potência que o motor fornece à cambota. Depende muito da forma como a energia é convertida, uma vez que a eficiência é normalizada com o valor de aquecimento do combustível.

# CAPÍTULO 4

**RESULTADOS E DEBATES**

**4.1 Parâmetros de desempenho de diferentes misturas de D80-B10-DEE10 e D60-B20-DEE20 com utilização de biogás**

**4.1.1 Potência de travagem (BP)**

As variações da potência de travagem (BP) em função da carga obtida durante o funcionamento do motor com diferentes misturas de D80-B10-DEE10 e D60-B20-DEE20 com a utilização de biogás são comparadas com o gasóleo e são apresentadas na fig. 4.1.

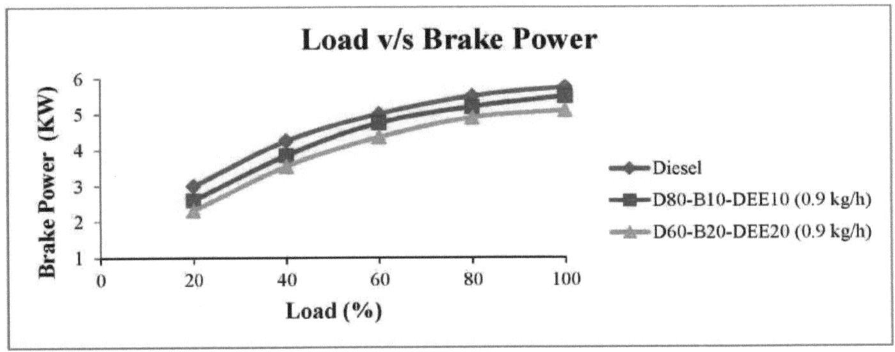


**Fig. 4.1 Variação da potência de travagem com a alteração da carga com biogás**

A potência de travagem do motor aumenta com o aumento da carga no motor. medida que a carga aumenta, a potência de travagem do motor começa a ser menor para as misturas de biodiesel em comparação com o gasóleo. A diminuição do P.B. deve-se à maior viscosidade e ao menor poder calorífico das misturas de biodiesel em relação ao gasóleo. A potência de travagem do gasóleo em todas as condições de carga é superior à do modo bicombustível.

A Fig. 4.1 mostra que a mistura D80-B10-DEE10 com biogás tem mais PB do que a mistura D60-B20-DEE20 com biogás, mas menos do que o gasóleo, porque a mistura D80-B10-DEE10 tem mais poder calorífico do que a mistura D60-B20-DEE20. Ambas as misturas têm um P.B. inferior ao do gasóleo porque ambas as misturas têm um poder calorífico inferior ao do gasóleo.

Em condições de plena carga, a mistura D80-B10-DEE10 com biogás tem 7,2% mais PB do que a mistura D60-B20-DEE20 com biogás, mas a mistura D80-B10-DEE10 com biogás e a mistura D60-B20-DEE20 com biogás têm 4,3% e 11,3% menos PB do que o gasóleo, respetivamente.

### 4.1.2 Consumo específico de combustível nos travões

As variações do consumo específico de combustível no freio em função da carga obtidas durante o funcionamento do motor com diferentes misturas de D80-B10-DEE10 e D60-B20-DEE20 com a utilização de biogás são comparadas com o gasóleo e são mostradas na fig. 4.2

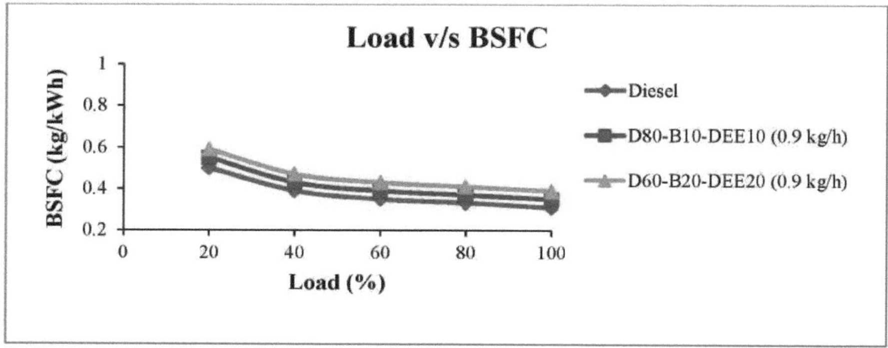


**Fig. 4.2 Variação do consumo específico de combustível ao travão com a alteração da carga com biogás**

A BSFC do motor diminui com o aumento da carga no motor. As misturas de biodiesel têm mais BSFC do que o gasóleo porque as misturas têm um poder calorífico inferior ao do gasóleo. Assim, para completar o processo de combustão, as misturas de biodiesel necessitam de mais combustível para queimar completamente a carga. Por conseguinte, a BSFC é mais elevada no caso das misturas de biodiesel.

A Fig. 4.2 mostra que ambas as misturas têm mais BSFC do que o gasóleo. Em condições de plena carga, a mistura D60-B20-DEE20 com biogás tem 20% e a mistura D80-B10-DEE10 com biogás tem 10% mais BSFC do que o gasóleo.

### 4.1.3 Consumo específico de energia nos travões (BSEC)

As variações do consumo específico de energia na travagem (BSEC) em função da carga obtidas durante o funcionamento do motor com diferentes misturas de D80-B10-DEE10 e D60-B20-DEE20 com a utilização de biogás são comparadas com o gasóleo e são apresentadas na fig. 4.3

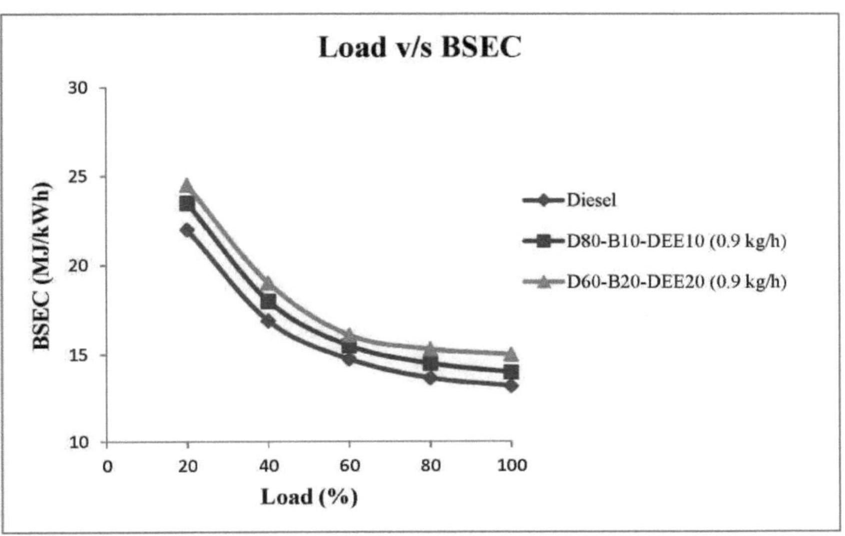


Fig4.3 Variação do consumo específico de energia no travão com a alteração da carga com biogás

A Fig. 4.3 mostra que ambas as misturas têm mais BSEC do que o gasóleo. Em condições de plena carga, a mistura D60-B20-DEE20 com biogás tem 13% e a mistura D80-B10-DEE10 com biogás tem 6,6% mais BSEC do que o gasóleo.

### 4.1.4 Eficiência térmica do travão (BTE)

As variações da eficiência térmica do travão (BTE) em função da carga obtida durante o funcionamento do motor em diferentes misturas de D80-B10-DEE10 e D60-B20-DEE20 com a utilização de biogás são comparadas com o gasóleo e são apresentadas na fig. 4.4

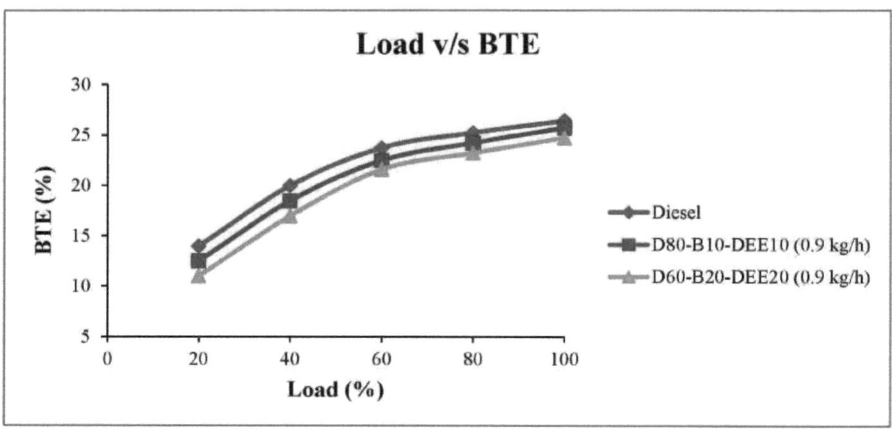


**Fig. 4.4 Variação da eficiência térmica do travão com a alteração da carga com biogás**

medida que a carga no motor aumenta, a eficiência térmica do motor aumenta. A eficiência térmica do travão é a função da potência de travagem e o combustível que tem mais B.P., o seu BTE também é maior.

A figura 4.4 mostra que a mistura D60-B20-DEE20 com biogás tem 6,46% e a mistura D80- B10-DEE10 com biogás tem 2,68% menos BTE do que o gasóleo.

## 4.2 Parâmetros de emissão de diferentes misturas de D80-B10-DEE10 e D60-B20-DEE20 com a utilização de biogás

### 4.2.1 Emissões de HC

As variações de hidrocarbonetos em função da carga para diferentes misturas de D80-B10-DEE10 e D60-B20-DEE20 com a utilização de biogás são comparadas com o gasóleo e são apresentadas na fig. 4.5

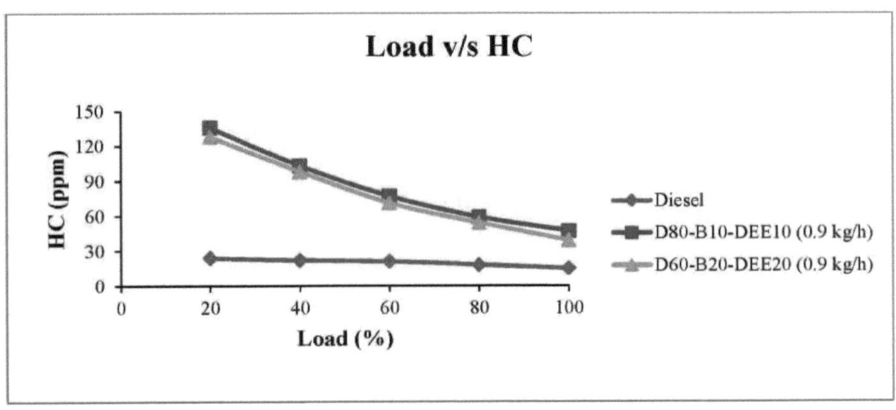


**Fig. 4.5 Variações de HC com alteração da carga com biogás**

A Fig. 4.5 mostra que os hidrocarbonetos não queimados (HC) no modo dual são mais elevados do que no modo diesel. Isto deve-se ao facto de o gasóleo ser mais pobre do que a mistura de biogás e biodiesel. Esta maior emissão de HC deve-se à combustão incompleta do combustível. A indução de biogás através do coletor de admissão reduz o volume de oxigénio (porque o biogás tem 40 % de $CO_2$) e o combustível oxigenado também tem oxigénio. Por conseguinte, a menor quantidade global de oxigénio resulta numa combustão incompleta que promove uma maior emissão de HC.

A mistura D80-B10-DEE10 com biogás tem 68% e a mistura D60-B20-DEE20 com biogás tem 60,5% mais emissões de HC do que o gasóleo.

### 4.2.2 Emissões de CO

As variações das emissões de CO em função da carga para diferentes misturas de D80-B10-DEE10 e D60-B20-DEE20 com a utilização do caudal de biogás são comparadas com o gasóleo, como se mostra na fig. 4.6

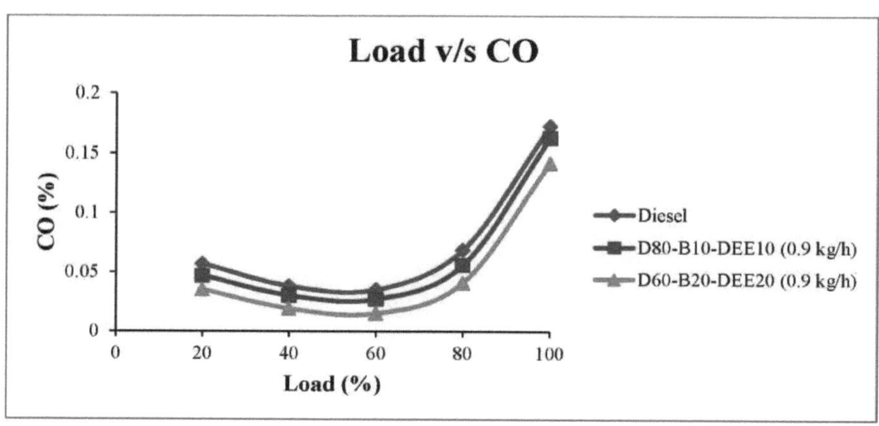


**Fig. 4.6 Variações do CO com a alteração da carga com biogás**

As emissões de CO estão presentes no motor devido à combustão incompleta do combustível. Se a combustão for completa, é libertado $CO_2$ e, se a combustão for incompleta, é libertado CO. O combustível oxigenado liberta oxigénio durante a combustão, promovendo assim a combustão completa. Assim, a mistura que contém uma maior quantidade de combustível oxigenado tem uma menor quantidade de emissões de CO. A quantidade de combustível oxigenado deve ser óptima porque reduz o desempenho do motor até um certo limite.

A mistura D80-B10-DEE10 com biogás tem 10% e a mistura D60-B20-DEE20 com biogás tem menos 18,9% de emissões de CO do que o gasóleo.

### 4.2.3 Emissões de NOx

As variações das emissões de NOx em função da carga para diferentes misturas de D80-B10-DEE10 e D60-B20-DEE20 com a utilização do caudal de biogás são comparadas com o gasóleo, como se mostra na fig. 4.7

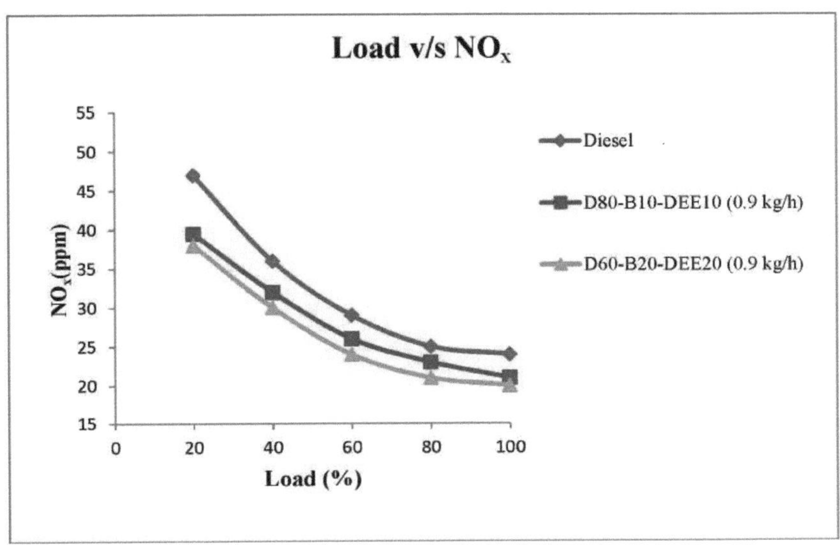


**Fig. 4.7 Variação dos NOx com a alteração da carga com biogás**

O combustível oxigenado tem um teor de oxigénio no seu interior. Devido a estas partículas de oxigénio, o processo de combustão ocorre completamente, o que reduz as emissões de CO. Além disso, a presença de biogás com combustível oxigenado produz um efeito de arrefecimento no motor. Devido a este efeito de arrefecimento, a quantidade de NOx diminui ligeiramente em relação ao gasóleo.

A Fig. 4.7 mostra que, em condições de carga máxima, a mistura D60-B20-DEE20 com biogás tem 9,8% e a mistura D80-B10-DEE10 com biogás tem 7,2% menos emissões de NOx do que o gasóleo.

### 4.2.4 Emissões de $CO_2$

As variações das emissões de $CO_2$ em função da carga para diferentes misturas de D80-B10-DEE10 e D60-B20-DEE20 com o caudal de biogás são comparadas com o gasóleo e são apresentadas na fig. 4.8.

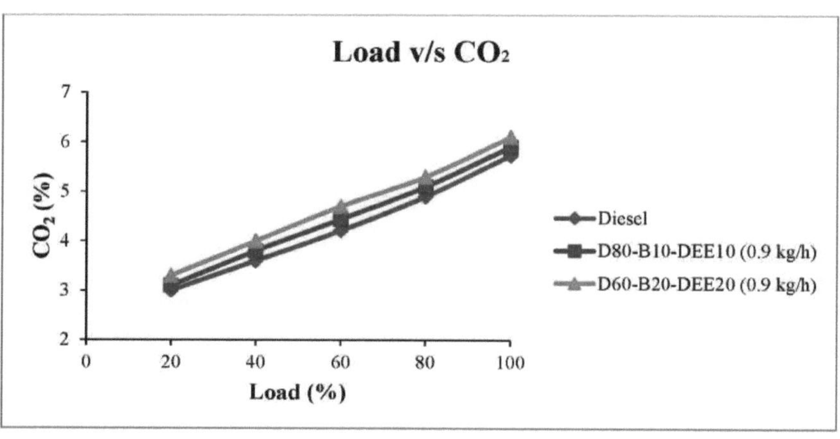


**Fig. 4.8 Variação do $CO_2$ com a alteração da carga com biogás**

O combustível oxigenado tem um teor de oxigénio no seu interior. Estas partículas de oxigénio ajudam a completar o processo de combustão, que liberta uma maior quantidade de $CO_2$ durante a combustão. À medida que a quantidade de combustível oxigenado aumenta, mais $CO_2$ é libertado.

A Fig. 4.8 mostra que, em condições de plena carga, a mistura D60-B20-DEE20 com biogás tem 13,1% e a mistura D80-B10-DEE10 com biogás tem 11,5% mais emissões de $CO_2$ do que o gasóleo.

## 4.3 Parâmetros de desempenho de diferentes misturas de D80-B10-DEE10 e D60-B20-DEE20 sem utilização de biogás

### 4.3.1 Potência de travagem (BP)

As variações da potência de travagem (BP) em função da carga obtidas durante o funcionamento do motor com diferentes misturas de D80-B10-DEE10 e D60-B20-DEE20 sem a utilização de biogás são comparadas com o gasóleo e são apresentadas na fig. 4.9.

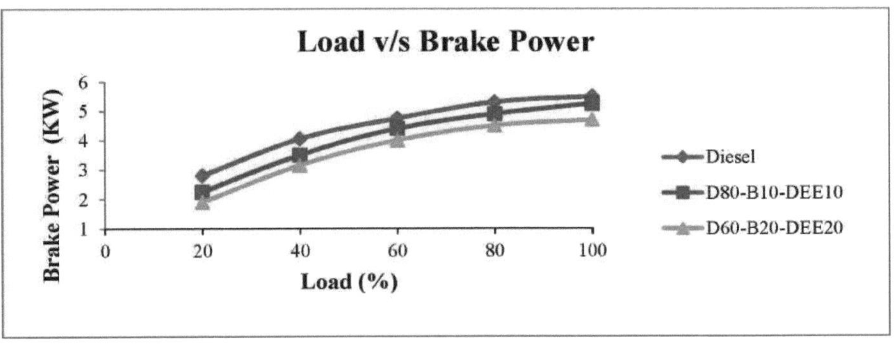


**Fig. 4.9 Variação da potência de travagem com alteração da carga sem biogás**

A potência de travagem do motor aumenta com o aumento da carga no motor. medida que a carga aumenta, a potência de travagem do motor começa a ser menor para as misturas de biodiesel em comparação com o gasóleo. A diminuição do P.B. deve-se à maior viscosidade e ao menor poder calorífico das misturas de biodiesel em relação ao gasóleo. A potência de travagem do gasóleo em todas as condições de carga.

A Fig. 4.9 mostra que a mistura D80-B10-DEE10 sem biogás tem mais PB do que a mistura D60-B20-DEE20 sem biogás, mas menos do que o gasóleo, porque a mistura D80-B10-DEE10 tem mais poder calorífico do que a mistura D60-B20-DEE20. Ambas as misturas têm um P.B. inferior ao do gasóleo porque ambas as misturas têm um poder calorífico inferior ao do gasóleo.

Em condições de plena carga, a mistura D80-B10-DEE10 sem biogás tem 10,5% mais PB do que a mistura D60-B20-DEE20 sem biogás, mas a mistura D80-B10-DEE10 sem biogás e a mistura D60-B20-DEE20 sem biogás têm 4,5% e 14,5% menos PB do que o gasóleo, respetivamente.

**4.3.2 Consumo específico de combustível nos travões**

As variações do consumo específico de combustível no freio em função da carga obtidas durante o funcionamento do motor com diferentes misturas de D80-B10-DEE10 e D60-B20-DEE20 sem utilização de biogás são comparadas com o gasóleo e são mostradas na fig. 4.10

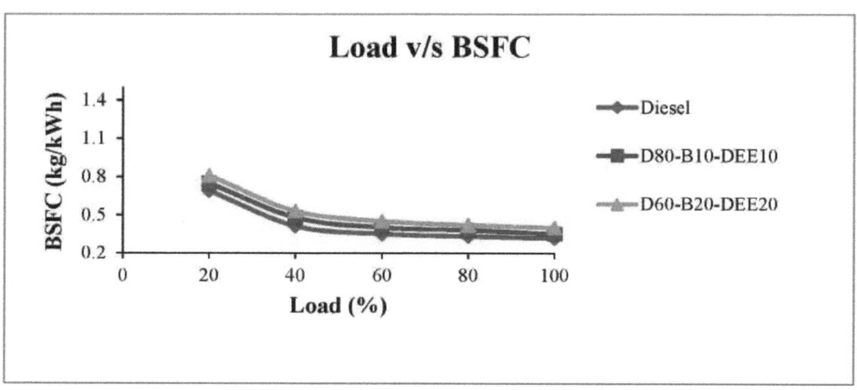


**Fig. 4.10 Variação do consumo de combustível em Brake Sp. Consumo de combustível com alteração da carga sem biogás**

A BSFC do motor diminui com o aumento da carga no motor. As misturas de biodiesel têm mais BSFC do que o gasóleo porque as misturas têm um poder calorífico inferior ao do gasóleo. Assim, para completar o processo de combustão, as misturas de biodiesel necessitam de mais combustível para queimar completamente a carga. Por conseguinte, a BSFC é mais elevada no caso das misturas de biodiesel.

A Fig. 4.10 mostra que ambas as misturas têm mais BSFC do que o gasóleo. Em condições de carga máxima, a mistura D60-B20-DEE20 sem biogás tem 18% e a mistura D80-B10-DEE10 sem biogás tem 8,5% mais BSFC do que o gasóleo.

### 4.3.3 Consumo específico de energia nos travões (BSEC)

As variações do consumo específico de energia na travagem (BSEC) em função da carga obtidas durante o funcionamento do motor com diferentes misturas de D80-B10-DEE10 e D60-B20-DEE20 sem a utilização de biogás são comparadas com o gasóleo e são apresentadas na fig. 4.11

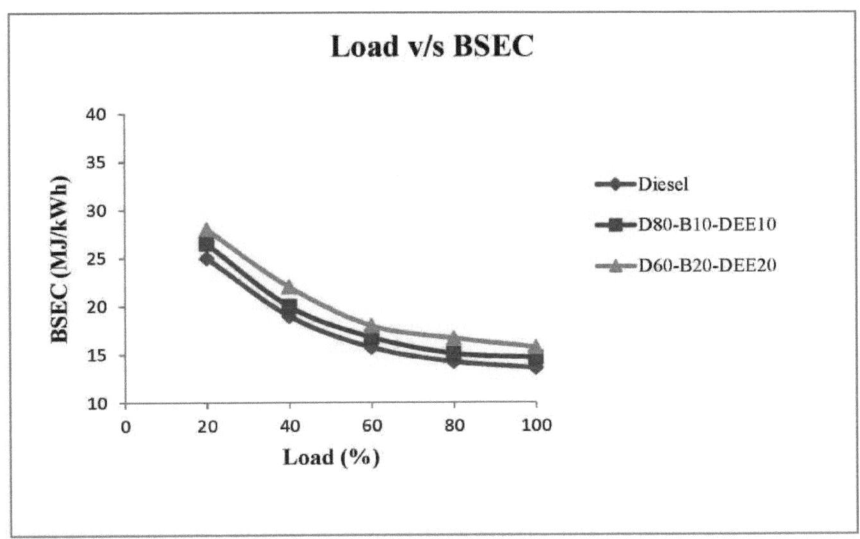


**Fig4.11 Variação do consumo de energia em Brake Sp. Consumo de energia com alteração da carga sem biogás**


A Fig. 4.11 mostra que ambas as misturas têm mais BSEC do que o gasóleo. Em condições de plena carga, a mistura D60-B20-DEE20 sem biogás tem 10,8% e a mistura D80-B10-DEE10 sem biogás tem 5% mais BSEC do que o gasóleo.

**4.3.4 Eficiência térmica do travão (BTE)**

As variações da eficiência térmica do travão (BTE) em função da carga obtida durante o funcionamento do motor com diferentes misturas de D80-B10-DEE10 e D60-B20-DEE20 sem a utilização de biogás são comparadas com o gasóleo e são apresentadas na fig. 4.12.

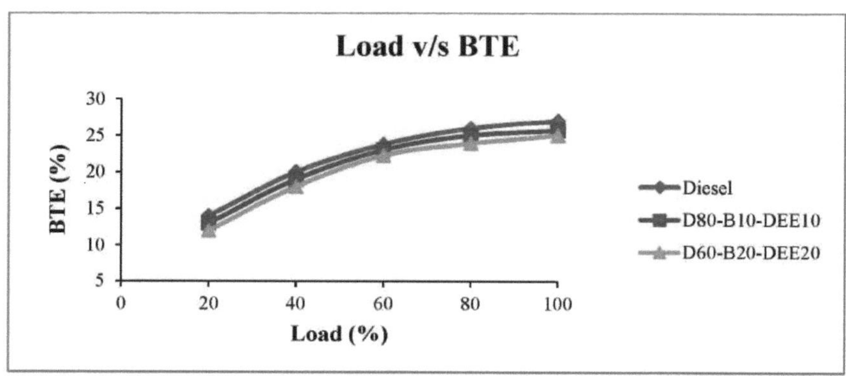


**Fig. 4.12 Variação da eficiência térmica do travão com a alteração da carga sem biogás**

À medida que a carga no motor aumenta, a eficiência térmica do motor aumenta. A eficiência térmica do travão é a função da potência de travagem e o combustível que tem mais B.P., o seu BTE também é maior.

A figura 4.12 mostra que a mistura D60-B20-DEE20 sem biogás tem 7,40% e a mistura D80-B10-DEE10 sem biogás tem 4,8% menos BTE do que o gasóleo.

## 4.4 Análise das emissões

As caraterísticas das emissões do motor C.I. em que diferentes misturas de D80-B10- DEE10 e D60-B20-DEE20 sem caudal de biogás são comparadas com o gasóleo.

## 4.4.1 Emissões de HC

As variações de hidrocarbonetos em função da carga para diferentes misturas de D80-B10-DEE10 e D60-B20-DEE20 sem biogás são comparadas com o gasóleo e são apresentadas na fig. 4.13

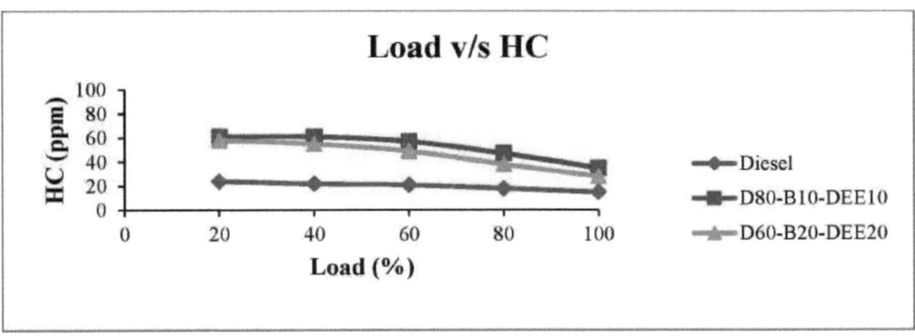



**Fig. 4.13 Variações de HC com alteração da carga sem biogás**

A Fig. 4.13 mostra que não existe biogás no motor e que está presente combustível oxigenado. O combustível oxigenado liberta oxigénio durante a combustão, o que promove um processo de combustão completo. Por conseguinte, são produzidos menos subprodutos de hidrocarbonetos. Estas emissões mais elevadas de HC devem-se à combustão incompleta do combustível.

A mistura D80-B10-DEE10 sem biogás tem 25% e a mistura D60-B20-DEE20 sem biogás tem 18% mais emissões de HC do que o gasóleo. Este aumento de HC das misturas em comparação com o gasóleo deve-se à maior viscosidade do biodiesel.

## 4.4.2 Emissões de CO

As variações das emissões de CO em função da carga para diferentes misturas de D80-B10-DEE10 e D60-B20-DEE20 sem caudal de biogás são comparadas com o gasóleo, como mostra a fig. 4.14

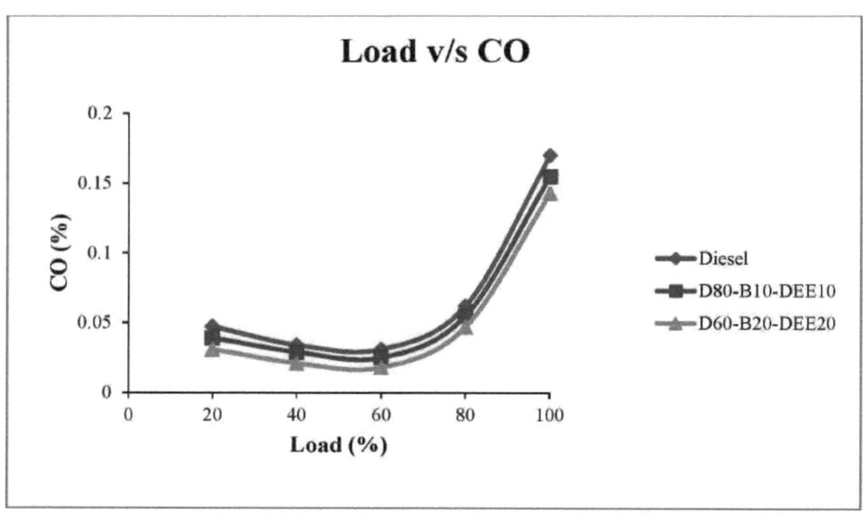


**Fig. 4.14 Variações de CO com alteração da carga sem biogás**

As emissões de CO estão presentes no motor devido à combustão incompleta do combustível. Se a combustão for completa, é libertado $CO_2$ e, se a combustão for incompleta, é libertado CO. O combustível oxigenado liberta oxigénio durante a combustão, promovendo assim a combustão completa. Assim, a mistura que contém uma maior quantidade de combustível oxigenado tem uma menor quantidade de emissões de CO. A quantidade de combustível oxigenado deve ser óptima porque reduz o desempenho do motor até um certo limite.
A Fig. 4.14 mostra que a mistura D80-B10-DEE10 com biogás tem 13,3% e a mistura D60-B20-O DEE20 com biogás tem menos 22% de emissões de CO do que o gasóleo.

### 4.4.3 Emissões de NOx

As variações das emissões de NOx em função da carga para diferentes misturas de D80-B10-DEE10 e D60-B20-DEE20 sem caudal de biogás são comparadas com o gasóleo, como mostra a fig. 4.15

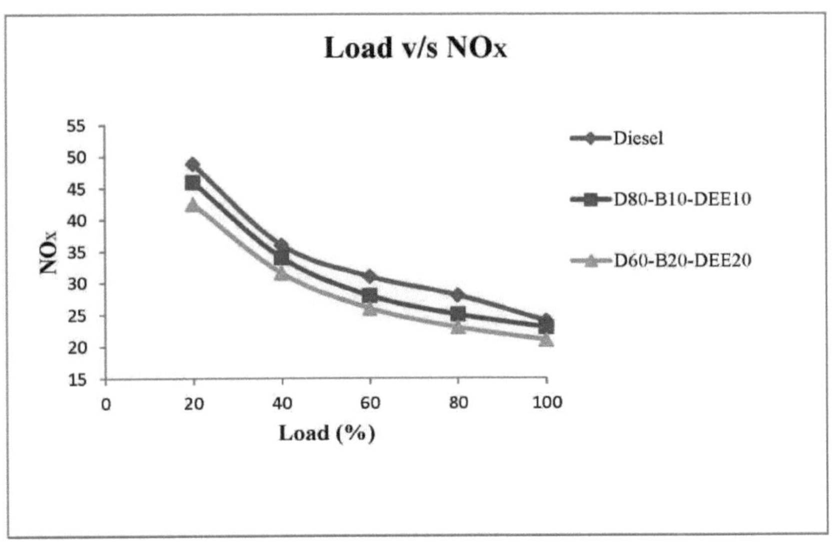



**Fig. 4.15 Variação dos NOx com a alteração da carga sem biogás**

O combustível oxigenado tem um teor de oxigénio no seu interior. Devido a estas partículas de oxigénio, o processo de combustão ocorre completamente, o que reduz as emissões de NOx.

A Fig. 4.15 mostra que não existe biogás em ambas as misturas. Assim, a quantidade de NOx reduziu-se apenas devido à presença de combustível oxigenado. Esta redução dos NOx é menor em comparação com as misturas de biodiesel misturado com biogás.

Em condições de plena carga, a mistura D60-B20-DEE20 com biogás tem 6,5% e a mistura D80-B10-DEE10 com biogás tem 5,2% menos emissões de NOx do que o gasóleo.

### 4.4.4 Emissões de CO2

As variações das emissões de CO2 em função da carga para diferentes misturas de D80-B10-DEE10 e D60-B20-DEE20 sem caudal de biogás são comparadas com o gasóleo e são apresentadas em 4.16.

O combustível oxigenado tem um teor de oxigénio no seu interior. Estas partículas de oxigénio ajudam a completar o processo de combustão, que liberta uma maior quantidade de CO2 durante a combustão. À medida que a quantidade de combustível oxigenado aumenta, mais CO2 é libertado.

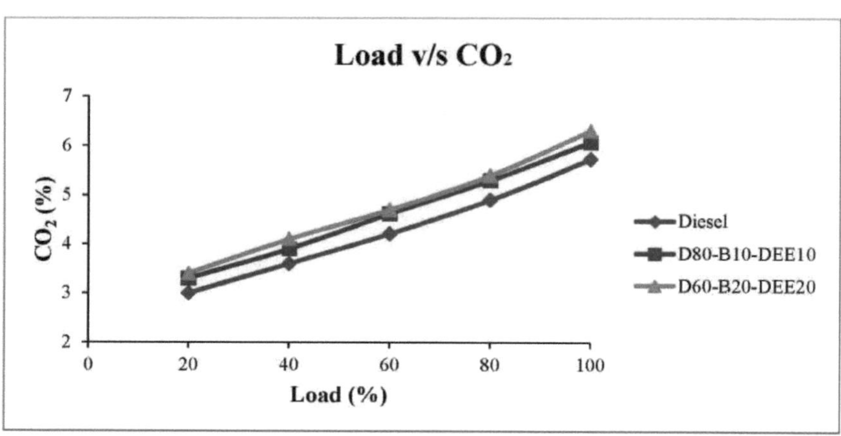


**Fig. 4.16 Variação do $CO_2$ com a alteração da carga sem biogás**

A Fig. 4.16 mostra que, em condições de plena carga, a mistura D60-B20-DEE20 sem biogás tem 19,8% e a mistura D80-B10-DEE10 sem biogás tem 16,2% mais emissões de $CO_2$ do que o gasóleo. As misturas sem biogás têm mais emissões de $CO_2$ devido à ausência de biogás do que as misturas com biogás.

# CAPÍTULO 5

**CONCLUSÃO E ÂMBITO FUTURO**

## 5.1 Conclusões

Todos os resultados das caraterísticas de desempenho e de emissões são estudados em condições de carga total (100%). As conclusões do presente estudo são as seguintes:

- Os resultados gráficos mostram que o gasóleo tem melhores caraterísticas de desempenho do que as misturas de D80-B10-DEE10 e D60-B20-DEE20 em ambos os casos com e sem biogás. Entre as duas misturas, em ambos os casos com e sem biogás, a mistura D80-B10-DEE10 tem melhores caraterísticas de desempenho do que a mistura D60-B20-DEE20.

  No caso das diferentes misturas com biogás, o B.P & BTE da mistura D80-B10-DEE10 são 7,2% & 3,78% mais do que a mistura D60-B20-DEE20, respetivamente. Além disso, o BSFC e o BSEC da mistura D80-B10-DEE10 são 10% e 6,4% inferiores aos da mistura D60-B20-DEE20, respetivamente.

  No caso das diferentes misturas sem biogás, o B.P & BTE da mistura D80-B10-DEE10 são 10,5% & 1,6% mais do que a mistura D60-B20-DEE20, respetivamente. Além disso, o BSFC e o BSEC da mistura D80-B10-DEE10 são 9,5% e 5,8% inferiores aos da mistura D60-B20-DEE20, respetivamente.

- Os resultados gráficos mostram que, no caso do biogás, as emissões de CO de ambas as misturas de D80-B10-DEE10 e D60-B20-DEE20 são 10% e 18,9% inferiores às do gasóleo, respetivamente. Além disso, as emissões de NOx de ambas as misturas D80-B10-DEE10 e D60-B20-DEE20 são 7,2% e 9,8% inferiores às do gasóleo, respetivamente.

  As emissões de HC de ambas as misturas de D80-B10-DEE10 e D60-B20-DEE20 são 52% e 43% superiores às do gasóleo, respetivamente. Além disso, as emissões de CO2 de ambas as misturas de D80-B10-DEE10 e D60-B20-DEE20 são 13,1% e 11,5% superiores às do gasóleo, respetivamente.

- Além disso, os resultados gráficos mostram que, no caso da ausência de biogás, as emissões de CO de ambas as misturas de D80-B10-DEE10 e D60-B20-DEE20 são 13,3% e 22% inferiores às do gasóleo, respetivamente. Além disso, as emissões de NOx de ambas as misturas de D80-B10-DEE10 e D60-B20-DEE20 são 5,2% e 6,5% inferiores às do gasóleo, respetivamente.

  As emissões de HC de ambas as misturas de D80-B10-DEE10 e D60-B20-DEE20 são 25%

e 18% superiores às do gasóleo, respetivamente. Além disso, as emissões de CO2 de ambas as misturas de D80-B10-DEE10 e D60-B20-DEE20 são 19,8% e 16,2% superiores às do gasóleo, respetivamente.

- Entre as duas misturas, a mistura de D60-B20-DEE20 tem melhores caraterísticas de emissão do que a mistura de D80-B10-DEE10 em ambos os casos com e sem biogás.

No caso das diferentes misturas com biogás, as emissões de HC, CO e NOx da mistura D60-B20-DEE20 são 9%, 8,9% e 2,6% inferiores às da mistura D80-B10-DEE10, respetivamente. Também as emissões de CO2 da mistura D60-B20-DEE20 são 1,6% superiores às da mistura D80-B10-DEE10, respetivamente.

No caso das diferentes misturas sem biogás, as emissões de HC, CO e NOx da mistura D60-B20-DEE20 são 7%, 8,7% e 1,3% inferiores às da mistura D80-B10-DEE10, respetivamente. Também as emissões de CO2 da mistura D60-B20-DEE20 são 3,6% superiores às da mistura D80-B10-DEE10, respetivamente.


## 5.2 Âmbito futuro do trabalho

A partir da conclusão do presente estudo, os seguintes pontos podem ser utilizados no trabalho futuro do biodiesel.

- Podem ser introduzidas mais misturas para além deste estudo, de modo a que os seus resultados possam também ser utilizados no futuro.

- O GNC pode também ser adicionado ao biogás e também ao combustível oxigenado.

- O gás de produção pode ser utilizado em vez do biogás no modo de duplo combustível.

- Podem ser introduzidos diferentes caudais de biogás no mesmo estudo, pelo que os seus resultados podem ser diferentes dos do presente trabalho.

- Podem ser utilizados outros aditivos oxigenados no combustível-piloto em modo bicombustível, como o n-butanol, o éter di-metilo, o maleato de dibutilo, o propanol, etc.

# REFERÊNCIAS

[1] G Lakshmi Narayana Rao, S Sampath e K Rajagopal, "Experimental Studies on the Combustion and Emission Characteristics of a Diesel Engine Fuelled with Used Cooking Oil Methyl Ester and Its Diesel Blends", World Academy of Science, Engineering and Technology, 2008; 37, pp 1-7.

[2] Wacharaphun Sidthiphong, Thanit Swasdisevi, "The Investigation of CNG DualBiodiesel fuel Approach to Address the Performance - Emission Assisted Multipurpose Diesel Engine", The Journal of Industrial Technology, 2015, Vol. 11.

[3] Jon Van Grapen, "Biodiesel Processing and Production", Fuel Processing Technology, 2005, 86, 1097-1107.

[4] P. K. Sahoo, L. M. Das, M. K. G. Babu e S. N. Naik, "Biodiesel Development from High Acid Value Polanga Seed Oil and Performance Evaluation in a CI Engine," Fuel, Vol. 86, No. 3, 2007, pp. 448-454.

[5] Kusum R., Bommayya H., Fayaz Pasha P. e Ramachandran H. D., "Palm Oil and rice Bran Oil: Current Status And Future Prospects", International Journal of Plant Physiology and Biochemistry, agosto de 2011, Vol. 3, Página 125-132.

[6] M. Mathiyazhagan, A. Ganapathi, B. Jaganath , N. Renganayaki, and N. Sasireka, "Production of Biodiesel from Non-edible plant oils having high FFA content", International Journal of Chemical and Environmental Engineering, April 2011, Volume 2, No.2.

[7] S. Puhan, N. Vedaraman, B. V. B. Ram, G. Sankarna- Rayanan e K. Jeychandran, "Mahua Oil Methyl Ester as Biodiesel-Preparation and Emission Characteristics," Biomass and Bioenergy, 2005, Vol. 28, No. 1, pp. 87-93.

[8] S. Jain e M.P. Sharma, "Performance Evaluation of Diesel Engine Using Rice Bran Biodiesel", Renewable Sustainable Energy Revolution, (2010), 14, 763.

[9] G. Labeckas e S. Slavinskas, "The Effect of Rapeseed Oil Methyl Ester on Diret Injection Diesel Engine Performance and Exhaust Emissions," Energy Conversion and Management, Vol. 47, No. 13-14, 2006, pp. 1954- 1967.

[10] Al_Dawody Mohamed F, Bhatti SK, "Experimental and Computational Investigations for Combustion, Performance and Emission Parameters of a Diesel Engine Fueled with Soybean Biodiesel-Diesel Blends", Energy, 2014, 52, 421-430.

[11] A. N. Ozsezen, M. Canakci, A. Turkcan e C. Sayin, "Performance and Combustion Characteristics of a DI Diesel Engine Fueled with Waste Palm Oil and Canola Oil Methyl Esters," Fuel, 2009, Vol. 88, No. 4, pp. 629- 636.

[12] H. Aydin e H. Bayindir, "Performance and Emission Analysis of Cottonseed Oil Methyl Ester in a Diesel Engine," Renewable Energy, 2010, Vol. 35, No. 3, pp. 588-592.

[13] Ying Wang, Hong Liu, "Study on Combustion and Emission of a Dimethyl Ether-Diesel Dual Fuel Premixed Charge Compression Ignition Combustion Engine With LPG (Liquefied Petroleum Gas) as Ignition Inhibitor", Energy, (2016), 96 , 278-285.

[14] M.C. Cameretti, R. Tuccillo, "A Numerical and Experimental Study of Dual Fuel Diesel Engine for Different Injection Timings", Applied Thermal Engineering, (2016), 101, 630638.

[15] Henham A, Makkar MK, "Combustion of Simulated Biogas in a dual-Fuel Diesel Engine", Energy Conversion Management (1998), 39, (16-18).

[16] Yoon SH, Lee CS, "Experimental Investigation on the Combustion And Exhaust Emission Characteristics of Biogas - Biodiesel Dual-Fuel Combustion in a CI Engine" Fuel Process Technology, 2011; 92(5): 992-1000.

[17] Er. Sandeep Singha, Dr. S.K. Mahla, Er. Gurpreet Singh Batth, "Estudos experimentais sobre a utilização do aditivo oxigenado maleato de dibutilo no motor CI", Mechanica Confab, junho-julho de 2013, Vol. 2, N.º 4.

[18] Sundarapandian S. e G. Devaradjane, "Performance and Emission Analysis of Bio Diesel Operated CI Engine," Journal of Engineering Computations & Architecture, 2007, Vol. 1, No. 2.

[19] T. Balusamy e R. Marappan. "Avaliação do desempenho do motor diesel de injeção direta com misturas de óleo de semente de Thevetiaperuviana e diesel", Journal of Scientific and Industrial Research, dezembro de 2007, Volume 66, pp. 1035-1040.

[20] A. K. A. Deepak Agarwal, Lokesh Kumar, "Performance Evaluation of a Vegetable Oil Fuelled Compression Ignition Engine," Renewable Energy, 2008, Vol. 33, No. 6, pp. 11471156.

[21] Demirbas, "Political, Economic And Environmental Impacts of Biofuels : A review", Applied Energy, (2009), 86 ,108-117.

[22] Rambabu Kantipudi, Appa Rao.B.V, Hari Babu.N, Satyanarayana, "Studies on DI Diesel Engine Fueled With Rice Bran Methyl Ester Injection And Ethanol Carburetion", International Journal of

Applied Engineering Research, 2010, Volume 1, No1, Page 206-221.

[23] S.K. Mahla e Arvind Birdi, "Performance and Emission Characteristics of Different Blends of Linseed Methyl Ester on Diesel Engine", International Journal on Emerging Technologies, (2012), Vol 3(1): 55-59.

[24] B.S. Chauhan, "A Study on the Performance and Emission of a Diesel Engine fuelled with Jatropha Biodiesel oil and its Blends", Energy, (2012), 37, 616-622 .

[25] Bjorn S. Santos, Sergio C. Capareda, Jewel A. Capunitan, "Engine Performance and Exhaust Emissions of Peanut Oil Biodiesel", Journal of Sustainable Bioenergy Systems, 2013, Volume 3, 272-286.

[26] Debabrata Barik, S. Murugan, "Investigation on Combustion Performance And Emission Characteristics Of A DI (Diret Injection) Diesel Engine Fuelled With Biogas-Diesel In Dual Fuel Mode", Energy, (2014), 72, 760-771.

[27] Debabrata Barik, S. Murugan, "Simultaneous reduction of NOx and smoke in a dual fuel DI diesel engine", Energy Conversion and Management, (2014) 84, 217-226.

[28] Ertan Alptekin, Mustafa Canakci, Ahmet Necati Ozsezen, Ali Turkcan, Huseyin Sanli, "Using waste animal fat based biodiesels-bioethanol-diesel fuel blends in a DI diesel engine", Fuel, (2015) , Volume 157, 245-254.

[29] Kennedy Izuchukwu Ogunwa, Samuel Ofodile, Ozioma Achugasim, "Feasibility Study of Melon Seed Oil as a Source of Biodiesel", Journal of Power and Energy Engineering, 2015, Vol 3, 24-27.

[30] B.J. Bora, U.K. Saha, "Comparative Assessment of a Biogas Run Dual Fuel Diesel Engine With Rice Bran Oil Methyl Ester, Pongamia Oil Methyl Ester And Palm Oil Methyl Ester As Pilot Fuels", Renewable Energy, (2015), 81, 490-498.

[31] K. Vijayaraj, A.P. Sathiyagnanam, "Experimental Investigation of a Diesel Engine with Methyl Ester Of Mango Seed Oil And Diesel Blends", Alexandria Engineering Journal, (2016), 55, 215-221.

[32] Harish Venu, Venkataramanan Madhavan, "Influence of diethyl ether (DEE) addition in ethanol-biodiesel-diesel (EBD) and methanol-biodiesel-diesel (MBD) blends in a diesel engine", Fuel, 2016.

[33] Parvesh Kumar e Naveen Kumar, "Experimental investigation of Jatropha oil methyl ester (JOME) as pilot fuel with CNG in a dual fuel engine", Biofuels, 2016, 136-140.

[34] E. Buyukkaya, "Effects of Biodiesel on a DI Diesel Engine Performance, Emission and Combustion Characteristics," Fuel, Vol. 89, No. 10, 2010, pp. 3099-3105.

[35] A.B.M.S. Hossain e M.A. Mekheld, "Biodiesel Fuel Production from waste Canola Cooking Oil as Sustainable Energy and Environmental Recycling Process", Australian Journal of Crop Science,(2010), 4(7), 543-549.

[36] A. E. Atabani, A. S. Silitonga, I. A. Badruddin, T. M. I. Mahalia, H. H. Masjuki e S. Mekhilef, "A Comprehensive Review on Biodiesel as an Alternative Energy Resource and Its Characteristics," Renewable and Sustainable Energy Reviews, Vol. 16, No. 4, 2012, pp. 2070- 2093.

info@omniscriptum.com
www.omniscriptum.com
OMNIScriptum

Printed by Books on Demand GmbH, Norderstedt / Germany